Julio Cardinal
JAÍNE Vogt

Uso di container come aree abitative per piccoli cantieri edili

Julio Cardinal
JAÍNE Vogt

Uso di container come aree abitative per piccoli cantieri edili

In conformità con la norma NR-18

ScienciaScripts

Imprint
Any brand names and product names mentioned in this book are subject to trademark, brand or patent protection and are trademarks or registered trademarks of their respective holders. The use of brand names, product names, common names, trade names, product descriptions etc. even without a particular marking in this work is in no way to be construed to mean that such names may be regarded as unrestricted in respect of trademark and brand protection legislation and could thus be used by anyone.

Cover image: www.ingimage.com

This book is a translation from the original published under ISBN 978-620-2-04770-8.

Publisher:
Sciencia Scripts
is a trademark of
Dodo Books Indian Ocean Ltd. and OmniScriptum S.R.L publishing group

120 High Road, East Finchley, London, N2 9ED, United Kingdom
Str. Armeneasca 28/1, office 1, Chisinau MD-2012, Republic of Moldova, Europe
Printed at: see last page
ISBN: 978-620-7-23592-6

Copyright © Julio Cardinal, JAÍNE Vogt
Copyright © 2024 Dodo Books Indian Ocean Ltd. and OmniScriptum S.R.L publishing group

SOMMARIO

1 INTRODUZIONE 2
2 BASE TEORICA 4
3 METODOLOGIA DI RICERCA 24
4 PRESENTAZIONE E ANALISI DEI RISULTATI 27
5 CONSIDERAZIONI FINALI 46
RIFERIMENTI 49
APPENDICE A - Questionario sulla conoscenza di NR-18 55
ALLEGATO A - Lista di controllo della zona giorno 80

1 INTRODUZIONE

In Brasile, il principale strumento utilizzato per prevenire gli infortuni e le malattie professionali nel settore delle costruzioni è la Norma Regolamentare n. 18 (NR-18), che regola le condizioni di lavoro e l'ambiente nell'industria delle costruzioni (SOUZA, 2013). Pertanto, in termini di spazi abitativi, l'adeguatezza degli ambienti deve soddisfare i requisiti di questo standard, oltre a garantire il comfort, la sicurezza e l'igiene dei lavoratori. Con questa premessa iniziale, l'oggetto di questo studio riguarda un'analisi di fattibilità economica per la progettazione e l'implementazione di aree abitative in container per piccoli cantieri nella città di Itapiranga e nella regione circostante, come modo per presentare una possibile soluzione alla mancanza di strutture temporanee nei cantieri.

L'industria delle costruzioni civili (ICC) svolge un ruolo fondamentale nell'economia del Paese, dove gli investimenti hanno un impatto diretto sul numero di posti di lavoro, migliorando l'edilizia e sostenendo lo sviluppo (SILVA; RODRIGUES, 2014). Tuttavia, il settore è ancora caratterizzato da un alto livello di incidenti nell'industria delle costruzioni, che è stato associato alla negligenza dei professionisti e delle aziende responsabili, che offrono condizioni di lavoro non sicure. In quanto tali, gli incidenti sul lavoro sono direttamente correlati alle condizioni ambientali a cui i lavoratori sono esposti, oltre agli aspetti psicologici che comprendono fattori umani, sociali ed economici (MEDEIROS; RODRIGUES, 2001).

La norma NR-18 è responsabile della regolamentazione delle condizioni di lavoro nell'industria delle costruzioni e determina i requisiti di base per l'allestimento di aree abitative nell'industria delle costruzioni, le azioni per prevenire gli infortuni e l'attuazione obbligatoria del Programma per le condizioni e l'ambiente nell'industria delle costruzioni (PCMAT) nei cantieri con almeno venti lavoratori (MARTINS; SERRA, 2003).

Secondo Gomes (2011), ogni cantiere deve avere un Programma di prevenzione dei rischi ambientali (PPRA), che funge da riferimento per la prevenzione nei cantieri. Tuttavia, nei cantieri piccoli e temporanei, non è consuetudine adattare e applicare alcun programma volto a prevenire gli infortuni o a fornire benefici per la salute dei lavoratori. Si evince quindi che l'applicazione della norma NR-18 nel suo punto 18.4 (aree di vita) è di fondamentale importanza, in quanto stabilisce la responsabilità di garantire adeguate condizioni umane di lavoro, a vantaggio del comfort dei lavoratori, della produttività e, di conseguenza, della prevenzione degli infortuni (TROTTA, 2011).

Secondo Rocha, Saurin e Formoso (2000), la conformità con le installazioni di sicurezza si ottiene attraverso l'adozione dei requisiti minimi definiti dalla NR-18, nella sua versione più recente, pubblicata nel luglio 1995. Tuttavia, per i professionisti del settore, questa normativa è ancora poco chiara e permangono incertezze sulla fattibilità tecnica ed economica dell'applicazione di alcuni elementi.

Oltre all'aspetto tecnico, c'è la responsabilità sociale e umana nei confronti dei lavoratori del settore, che è ancora molto lontana dall'attenzione che merita. Possiamo notare che c'è ancora una carenza in termini di cultura, consapevolezza professionale e domanda, che si può vedere nell'alto numero di infortuni, malattie professionali e decessi, rendendo imminente la lotta per cambiare questo scenario e rivolgere il pensiero dei professionisti del settore verso la rilevanza della questione in questione, oltre a risvegliare i lavoratori sull'importanza di preservare la vita (JUNIOR, 2002).

La realizzazione e il mantenimento di spazi abitativi con adeguate caratteristiche di sicurezza, pulizia e igiene sono considerati un dovere delle imprese di costruzione e vengono ispezionati dall'Ufficio Regionale del Lavoro (DRT). Tuttavia, la trascuratezza di questi aspetti persiste e può portare all'imposizione di multe al costruttore e all'embargo dei lavori (MEDEIROS; PINHEIRO, 2011).

La causa principale di questo problema si può riassumere nel mancato, o addirittura assente, dimensionamento delle aree abitative in conformità alla norma NR-18, considerando che molti direttori di cantiere, o addirittura la politica di alcune aziende, non tengono conto di queste specifiche, scartando queste aree nel progetto (MEDEIROS; PINHEIRO, 2011).

Nel tentativo di mitigare il problema e promuovere miglioramenti, il settore delle costruzioni ha adottato pratiche più valide e, a conferma di ciò, l'utilizzo di container come aree abitative mobili rappresenta un'alternativa per il settore. Secondo Occhi e Almeida (2016), uno dei principali vantaggi dell'utilizzo di questo materiale nell'edilizia civile è la riduzione dei costi di costruzione, oltre a caratteristiche quali flessibilità, resistenza, mobilità e sostenibilità dovute al riutilizzo del materiale.

Considerando quanto detto nel contesto precedente, questo studio mira soprattutto a rispondere alla seguente domanda:

L'uso di container come aree abitative in piccoli cantieri è un'alternativa valida che consente a questo tipo di lavori di rispettare la norma NR-18?

2 BASE TEORICA

3.1 Il paesaggio dei cantieri nell'industria edilizia

In Brasile, l'edilizia civile è un ramo dell'economia molto richiesto e con un alto tasso di occupazione, essendo un servizio di manodopera che presenta grandi rischi per la salute dei lavoratori (ZAGO et al., 2014).

Gli infortuni sul lavoro sono tra le principali cause di morte nel settore e sono dati preoccupanti nelle statistiche presentate dal Ministero della Previdenza Sociale (MPS), dove l'industria delle costruzioni ha registrato 59.808 infortuni sul lavoro nel 2011, che corrisponde a un aumento del 6,9% rispetto all'anno precedente (ZAGO et al., 2014).

L'Organizzazione Internazionale del Lavoro (ILO) stima che ogni anno 2,34 milioni di persone muoiono a causa di malattie e incidenti sul lavoro, di cui 2 milioni sono legati a malattie professionali. Nel 2013, delle 717.911 malattie e incidenti professionali denunciati in Brasile, il 2,12% erano malattie (BRASIL, 2015a).

Nel settore delle costruzioni, la maggior parte degli infortuni non viene ancora denunciata e non è quindi inclusa nelle statistiche ufficiali. Questo scenario si aggrava nei cantieri di piccole dimensioni, dove il lavoro è generalmente informale, non ci sono contratti né contratti formali e le condizioni di lavoro sono precarie. Pertanto, senza guida ed esperienza, i lavoratori sono soggetti a condizioni avverse e ai rischi di incidenti nell'ambiente (GOMES, 2011).

La salute dei lavoratori sta subendo un significativo deterioramento, che ha spinto le politiche pubbliche e lo Stato a richiedere soluzioni più complete e organizzate per ridurre al minimo i danni causati ai lavoratori, alla sicurezza sociale e all'economia (BRASIL, 2015a).

Secondo Medeiros e Rodrigues (2001), la situazione attuale nei cantieri caratterizza già i rischi per i lavoratori. Questi rischi sono aggravati dalle differenze nei metodi utilizzati per svolgere le attività, con situazioni non previste ma frequenti nell'ambiente di lavoro.

Nel 1995, il NR-18 ha introdotto nuovi requisiti, come il PCMAT, che mira a garantire la salute e l'integrità dei lavoratori prevenendo i rischi derivanti dal sistema esecutivo dei cantieri (ESPINOZA, 2002). Questo documento, la cui implementazione non costa quasi nulla, serve a verificare il rispetto degli obblighi di legge, ma non riceve l'attenzione che merita, così come gli spazi abitativi, che finiscono per non svolgere la loro funzione di collaborazione con la dignità umana (SOBRINHO, 2014).

Il settore è ancora caratterizzato da forti tratti tradizionali in relazione al lavoro, come la personalità nomade dei cantieri, l'elevato turnover della manodopera e le condizioni precarie del lavoro umano, nonché le varie imposizioni che mettono in discussione la realizzazione di spazi abitativi nei cantieri, come i costi, la superficie disponibile e gli adattamenti (MELO, 2001).

Per quanto riguarda le condizioni di lavoro, Rocha, Saurin e Formoso (2000) hanno affermato in un'indagine che il DRT, in quanto organismo di controllo del NR-18, ha una forza lavoro inferiore alle aspettative e che nelle zone interne degli Stati le condizioni di controllo sono peggiori, in quanto in molti casi sono inesistenti. Pertanto, le scarse prestazioni dei cantieri situati nelle città dell'entroterra giustificano il livello di ispezione inferiore rispetto alle grandi capitali.

È stato inoltre confermato che l'azione degli ispettori ha un'influenza diretta sull'attenzione prestata ai cantieri, vale a dire che meno frequenti sono le ispezioni, minori sono le misure per migliorare la sicurezza e l'igiene (ROCHA; SAURIN; FORMOSO, 2000).

Allo stesso tempo, Gomes (2011) ritiene che i cantieri di piccole dimensioni siano ancora meno soggetti a ispezioni, in quanto hanno una durata più breve e un numero minore di lavoratori in cantiere. Pertanto, sono meno soggetti alla rigidità e all'adeguatezza delle norme di sicurezza, che sono responsabili del maggior numero di incidenti nel settore delle costruzioni.

3.2 Caratterizzazione delle dimensioni del progetto

Non esiste una definizione unica e formale stabilita dagli enti o dalle organizzazioni del settore per distinguere le dimensioni di un progetto di costruzione in piccolo, medio o grande. Tuttavia, le imprese possono essere classificate in base alle loro dimensioni, e ogni organizzazione le classifica secondo i propri concetti (GOMES, 2011).

Il NR-01 distingue tra stabilimento, settore dei servizi, cantiere, fronte di lavoro e luogo di lavoro (BRASIL, 2009):

Stabilimento, ogni unità dell'azienda, che opera in luoghi diversi, come: fabbrica, raffineria, impianto, ufficio, negozio, officina, magazzino, laboratorio;

Settore dei servizi, la più piccola unità amministrativa o operativa all'interno dello stesso stabilimento;

Cantiere, l'area di lavoro fissa e temporanea in cui si svolgono le operazioni per sostenere ed eseguire la costruzione, la demolizione o la riparazione di un'opera;

Fronte di lavoro, l'area di lavoro mobile e temporanea dove si svolgono le operazioni di supporto e di esecuzione per la costruzione, la demolizione o la riparazione di un'opera;

Per luogo di lavoro si intende l'area in cui si svolge l'attività lavorativa (BRASIL, 2009, p. 2).

Per il Servizio brasiliano di sostegno alle micro e piccole imprese (SEBRAE, 2014), le micro e piccole imprese (MSE) possono essere definite in due classi nel settore delle costruzioni: in base al numero di persone impiegate nell'azienda o in base ai ricavi realizzati. Le microimprese sono quelle che hanno fino a 19 dipendenti, mentre le piccole imprese sono quelle che hanno tra i 20 e i 99 dipendenti. In termini di ricavi, le MSE sono quelle con un fatturato annuo fino a 3.6000.000,00 R$.

La Banca Nazionale di Sviluppo (BNDES) indica cinque fasce per definire le dimensioni di un'azienda attraverso i ricavi operativi lordi (ROB) (UTZIG et al., 2012). Esse sono:

Microimpresa: ROB annuale o annualizzato inferiore o uguale a 2,4 milioni di R$;

Piccola impresa: ROB annuale o annualizzato superiore a 2,4 milioni di R$ e inferiore o uguale a 16 milioni di R$;

Media impresa: ROB annuale o annualizzato superiore a 16 milioni di reais e inferiore o uguale a 90 milioni di reais;

Azienda medio-grande: ROB annuale o annualizzato superiore a 90 milioni di reais e inferiore o uguale a 300 milioni di reais;

Grande azienda: ROB annuale o annualizzato superiore a 300 milioni di reais (UTZIG et al., 2012, p. 4).

Nell'edilizia civile, la classificazione dei lavori si concentra in attività che sono: "costruzione di edifici, servizi di costruzione specializzati, lavori di ingegneria civile, demolizione, preparazione del sito, lavori di terra, lavori di finitura e lavori di fondazione". La classificazione delle dimensioni dell'opera è spesso confusa con le definizioni di impresa e stabilimento (GOMES, 2011, p. 47).

Gomes (2011) classifica le piccole opere come quelle che hanno fino a 19 dipendenti in cantiere, indipendentemente dalla fase dei lavori o dal tipo di lavoro, se residenziale, di ristrutturazione o di costruzione, e che sono conformi alla norma NR-18 e non richiedono un PCMAT. Le grandi opere sono caratterizzate dalla presenza di 20 dipendenti in qualsiasi fase dei lavori e da opere con cantieri più grandi per ospitare più di 20 dipendenti con il PCMAT.

In Brasile, le MSE sono i principali produttori di ricchezza per il commercio, con il 53,4% del Prodotto Interno Lordo (PIL) del settore. "Nel PIL dell'industria, la partecipazione delle micro e piccole imprese (22,5%) si sta già avvicinando a quella delle medie imprese (24,5%). E nel settore dei servizi, più di un terzo della produzione nazionale (36,3%) proviene da piccole imprese" (SEBRAE, 2014, p. 6).

3.3 Applicabilità dell'NR-18 nei cantieri edili

Nel giugno 1978, il Ministero del Lavoro e dell'Occupazione (MTE) ha creato la NR-18, specifica per il settore delle costruzioni civili (BRASIL, 1978). Questo regolamento stabilisce "linee guida amministrative, di pianificazione e organizzative volte a implementare misure di controllo e sistemi di sicurezza preventiva nei processi, nelle condizioni e nell'ambiente di lavoro dell'industria delle costruzioni" (BRASIL, 2015b, p. 2).

Rivista nel 1995, la norma NR-18 ha subito alcune modifiche sostanziali, in quanto non comprendeva più solo i cantieri edili e ha iniziato a occuparsi dell'intero ambiente di lavoro delle costruzioni civili. Questo standard considera come attività del settore quelle che appartengono alla Tabella I della NR-04 (costruzione di edifici, opere infrastrutturali e servizi specializzati per l'edilizia) e le attività e i servizi di tinteggiatura, riparazione, pulizia, demolizione e manutenzione di edifici in generale, di qualsiasi costruzione o numero di piani, comprese le opere di paesaggistica e urbanizzazione (BRASIL, 2015b, p. 2).

Quando queste attività sono svolte dal proprietario del cantiere, egli sarà esente da sanzioni amministrative imposte dall'MTE per il mancato rispetto della NR-18 (BRASIL, 2015b). Tuttavia, la negligenza delle condizioni minime di sicurezza può far sì che i lavoratori siano esposti ai rischi causati da queste attività, che possono portare a incidenti, invalidità temporanea o permanente o morte (ZARPELON; DANTAS; LEME, 2008).

Questo regolamento definisce le condizioni e l'ambiente di lavoro nelle costruzioni civili e, in base a questo documento, è obbligo dell'impresa responsabile dell'esecuzione dei lavori vietare ai lavoratori l'ingresso o la permanenza nel cantiere quando non sono sicuri a causa delle misure stabilite nel NR-18 o quando non è in linea con la fase dei lavori (BRASIL, 2015b).

Il rispetto di questo standard nei cantieri non implica il mancato rispetto di altri standard, sia determinati dalla legislazione federale, statale o comunale, sia stabiliti da accordi di lavoro, per quanto riguarda le condizioni dell'ambiente di lavoro (BRASIL, 2015b).

La NR-01 rende obbligatorio per tutte le aziende pubbliche e private, così come per gli enti pubblici e gli organi dei rami legislativo e giudiziario, che hanno dipendenti disciplinati dal Testo Unico del Lavoro (CLT), il rispetto delle NR relative alla sicurezza e alla medicina del lavoro, oltre ad applicarsi ai singoli lavoratori, alle aziende, agli enti e ai sindacati che rappresentano i professionisti (BRASIL, 2009).

Una delle principali modifiche alla NR-18 rende obbligatorio per tutte le aziende con più di 20 dipendenti lo sviluppo di un PCMAT. Ciò rende più efficaci i processi produttivi, la gestione del luogo di lavoro e l'orientamento, riducendo il numero di infortuni e di malattie professionali (LIMA JR.; VALCARCEL; DIAS, 2005).

Le aziende con meno di 20 lavoratori non sono libere di ignorare le proprie responsabilità in materia di sicurezza, ma devono identificare i rischi attraverso i requisiti stabiliti nel NR-9 dalla PPRA (ZARPELON; DANTAS; LEME, 2008).

Il PPRA mira a preservare la salute e l'integrità dei dipendenti anticipando, riconoscendo, valutando e controllando il verificarsi di rischi ambientali già esistenti o che potrebbero verificarsi sul luogo di lavoro, al fine di proteggere le risorse naturali e l'ambiente (BRASIL, 2014a).

Il PPRA deve essere implementato da ogni azienda, con la responsabilità del datore di lavoro e la collaborazione dei lavoratori, e la sua comprensione dipende dalle caratteristiche e dal controllo dei rischi (BRASIL, 2014a).

Secondo il NR-9, a livello regionale, il DRT è l'organismo responsabile della realizzazione delle attività relative alla sicurezza e alla medicina del lavoro, tra cui il Programma Alimentare dei Lavoratori (PAT), la Campagna Nazionale per la Prevenzione degli Infortuni sul Lavoro (CANPAT), nonché del monitoraggio del rispetto dei precetti legali e normativi di tali attività (BRASIL, 2014a).

Nei limiti della giurisdizione, sono di competenza del DRT e dell'Ufficio del lavoro marittimo (DTM) (BRASIL, 2009, p.1):

Adottare le misure necessarie per garantire la fedele osservanza dei precetti legali e normativi in materia di salute e sicurezza sul lavoro;

Imporre sanzioni adeguate in caso di mancato rispetto dei precetti legali e normativi in materia di sicurezza e medicina del lavoro;

Embargo dei lavori, interdizione di stabilimenti, settori di servizio, cantieri, fronti di lavoro, macchinari e attrezzature;

Notificare alle aziende le scadenze per eliminare e/o neutralizzare le condizioni di insalubrità;

Soddisfare le richieste giudiziarie di effettuare esami di salute e sicurezza sul lavoro in luoghi dove non c'è un medico del lavoro o un ingegnere della sicurezza sul lavoro registrato presso l'MTE.

Oltre a rispettare la legislazione vigente, è obbligo del top management fornire un ambiente di lavoro sano e sicuro, pensando non solo al benessere del lavoratore, ma anche a quello dell'azienda stessa. Migliorare la salute, la sicurezza e l'ambiente di lavoro non solo aumenta la produttività, ma riduce anche il costo finale del prodotto, poiché riduce le interruzioni causate nel processo, gli incidenti, le malattie professionali e l'assenteismo (VIEIRA, 2006).

"La politica di salute e sicurezza sul lavoro di un'azienda è parte integrante del processo produttivo e dovrebbe essere uno degli obiettivi permanenti dell'azienda", che mira a preservare il patrimonio umano e materiale dei suoi clienti e dei terzi, principalmente seguendo pratiche all'interno di standard adeguati alla qualità dei servizi e alla produttività (VIEIRA, 2006, p. 171).

In generale, i programmi di sicurezza nell'industria delle costruzioni danno priorità alla prevenzione di incidenti gravi e mortali che coinvolgono sepolture, scosse elettriche, cadute dall'alto, attrezzature e macchinari privi di adeguate protezioni. Non meno importanti, tuttavia, sono le questioni ambientali, l'educazione e i piani di prevenzione, l'ergonomia e i problemi di salute causati dalle cattive condizioni di alimentazione, trasporto e alloggio dei lavoratori (VIEIRA, 2006).

3.4 Dimensionamento degli spazi abitativi

Gli spazi di vita sono "aree destinate a soddisfare i bisogni umani fondamentali di alimentazione, igiene, riposo, svago, socializzazione e attività ambulatoriali, e dovrebbero essere fisicamente separati dalle aree di lavoro" (BRASIL, 2015b, p. 52).

Nei cantieri, gli spazi abitativi devono contenere servizi igienici, un luogo dove mangiare, una cucina quando i pasti vengono preparati in loco, uno spogliatoio, un alloggio, una lavanderia, un ambulatorio per i cantieri con 50 o più lavoratori e un'area per il tempo libero (BRASIL, 2015b).

Il punto 18.4 del NR-18 stabilisce le caratteristiche minime per la realizzazione delle aree abitative, nonché i parametri per il loro dimensionamento (BRASIL, 2015b).

3.4.1 Impianti sanitari

L'NR-18 (BRASIL, 2015b, p. 3) definisce le strutture sanitarie come "il luogo destinato all'igiene corporea e/o al soddisfacimento dei bisogni fisiologici di escrezione". I servizi igienici sono necessari in qualsiasi cantiere di qualsiasi dimensione e il loro utilizzo per qualsiasi altro scopo è vietato.

I servizi igienici devono essere costituiti da "lavabo, wc e orinatoio, nella proporzione di 1 set per ogni gruppo di 20 lavoratori o frazione di essi, nonché una doccia, nella proporzione di 1 unità per ogni gruppo di 10 lavoratori o frazione di essi" (BRASIL, 2015b, p. 4). Secondo il CBIC (2015), i servizi igienici, gli alloggi e gli spogliatoi devono essere separati per sesso.

Secondo la norma NR-18 (BRASIL, 2015b), i servizi igienici devono essere costruiti con un'altezza del soffitto di almeno 2,50 metri, o come stabilito dal codice edilizio del comune in cui si svolgono i lavori; essere costantemente mantenuti e igienizzati; avere porte che non permettano la penetrazione e che mantengano un'adeguata protezione; avere pareti in materiale lavabile e resistente, come possono essere in legno; avere un rivestimento lavabile, impermeabile e con finitura antiscivolo; avere illuminazione e ventilazione adeguate.

I servizi igienici non devono essere direttamente collegati alla zona pranzo e devono essere posizionati in aree di facile e sicuro accesso, senza percorrere più di 150 metri dal luogo di lavoro.

3.4.1.1 Lavabi

Secondo la norma NR-18 (BRASIL, 2015b) i lavabi devono essere collettivi o individuali, del tipo a trogolo in materiale liscio, lavabile e impermeabile; avere un rubinetto in plastica o metallo; essere posizionati a un'altezza di 0,90 m; essere collegati direttamente a un sistema fognario, se presente; avere uno spazio di 0,60 m tra i rubinetti se sono collettivi e contenere un deposito per lo smaltimento della carta usata.

3.4.1.2 Vaschette per WC

Secondo la norma NR-18 (BRASIL, 2015b), l'armadietto sanitario deve avere una superficie minima di 1,00 m^2 ; avere una porta con chiusura interna e un bordo inferiore alto fino a 0,15 m;

avere un'altezza minima del divisorio di 1,80 m e avere un contenitore con coperchio per lo smaltimento della carta usata e una scorta di carta igienica.

I servizi igienici devono essere costituiti da una turca o da una vasca sifonata con valvola automatica o da un serbatoio di scarico ed essere collegati a un sistema fognario o a una fossa settica (BRASIL, 2015b).

3.4.1.3 Orinatoi

L'orinatoio di tipo trogolo deve essere equivalente a un orinatoio di tipo ciotola da 0,60 metri e, secondo la norma NR-18 (BRASIL, 2015b), deve essere individuale o collettivo a forma di trogolo, rivestito di materiale liscio, lavabile e impermeabile; deve contenere uno sciacquone automatico o azionato; deve essere posizionato a un'altezza massima di 0,50 metri e deve essere collegato alla rete fognaria o alla fossa settica.

3.4.1.4 Docce

In conformità con la norma NR-18, ogni doccia deve avere un'area minima di utilizzo di 0,80 metri^2 e un'altezza di 2,10 metri dal pavimento, con una pendenza per il deflusso dell'acqua, realizzata in materiale antiscivolo o formata da pedane in legno (BRASIL, 2015b).

Le docce possono anche essere in plastica o metallo, in cabine individuali o collettive, con una fornitura di acqua calda, e ogni doccia deve avere un gancio per asciugamani e un portasapone. Tutte le docce elettriche devono essere collegate a terra (BRASIL, 2015b).

3.4.2 Guardaroba

Secondo la norma NR-18, quando ci sono lavoratori che non vivono nel sito, deve esserci uno spogliatoio per loro per cambiarsi. Dovrebbe essere situato vicino all'ingresso del cantiere e/o dell'alloggio, senza alcun collegamento con la zona pranzo (BRASIL, 2015b).

Gli spogliatoi devono essere costruiti con pareti in legno, muratura o qualsiasi altro materiale corrispondente, con un'altezza minima del soffitto di 2,50 metri o in conformità con il codice edilizio del comune in cui si svolgono i lavori, con pavimenti in cemento, cemento o qualsiasi altro materiale corrispondente, con un tetto che protegga dalle intemperie, con una superficie di ventilazione equivalente a 1/10 della superficie del pavimento e con illuminazione naturale e/o artificiale.

Inoltre, la norma NR-18 (BRASIL, 2015b) stabilisce che devono essere presenti armadietti individuali con serrature e panche con una larghezza minima di 0,30 metri per soddisfare il numero di lavoratori, in quanto l'area deve essere mantenuta pulita e igienizzata.

3.4.3 Sistemazione

NR-18 (BRASIL, 2015b) stabilisce che quando i lavoratori sono alloggiati in cantiere, devono essere costruiti in muratura, legno o materiale corrispondente; avere pavimenti in cemento, calcestruzzo, legno o materiale corrispondente; avere un tetto che protegga dalle intemperie; avere una ventilazione pari ad almeno 1/10 della superficie del pavimento con illuminazione artificiale e/o naturale; avere una superficie minima per modulo armadio di 3,00 m^2 con l'area di circolazione; un'altezza del soffitto di 3,00 m per i letti matrimoniali e di 2,50 m per i letti singoli; avere impianti elettrici protetti e un'ubicazione adeguata, che non può essere in scantinati o nel seminterrato degli edifici.

È vietato utilizzare più di due letti in verticale e deve esserci un'altezza libera tra i letti e tra il letto superiore e il soffitto di almeno 1,20 metri. Il letto superiore deve avere una protezione laterale e una scala (BRASIL, 2015b).

I letti devono avere dimensioni minime di 0,80 m per 1,90 m, con una separazione di 0,05 m tra le doghe, e un materasso con uno spessore minimo di 0,10 m e una densità di 26. I letti devono essere dotati di federa, lenzuolo, cuscino e coperta, in condizioni igieniche (BRASIL, 2015b).

Secondo la norma NR-18 (BRASIL, 2015b, p. 6), gli alloggi devono avere armadi doppi individuali con le seguenti dimensioni: 1,20 metri di altezza, 0,30 metri di larghezza e 0,40 metri di profondità, con uno scomparto alto 0,80 metri per riporre gli abiti comuni e un altro alto 0,40 metri per gli abiti da lavoro. Quando l'armadio è diviso verticalmente, deve essere alto 0,80 metri, largo 0,50 metri e profondo 0,40 metri.

È vietato qualsiasi tipo di cottura o riscaldamento dei cibi negli alloggi, che devono essere mantenuti costantemente puliti e igienici. Deve essere fornita acqua potabile fresca e filtrata in fontanelle o simili, nella misura di 1 ogni 25 lavoratori o frazione (BRASIL, 2015b).

È vietato ai lavoratori affetti da malattie infettive soggiornare in strutture ricettive (BRASIL, 2015b).

3.4.4 Posto per mangiare

L'NR-18 (BRASIL, 2015b) prevede che il cantiere abbia un ambiente in cui i lavoratori possano consumare i pasti e che sia dotato di pareti che possano essere chiuse durante i pasti, con una copertura per proteggersi dalle intemperie; che abbia un lavabo in loco o nelle vicinanze; che contenga tavoli con una superficie pulita e lavabile, con un numero sufficiente di posti a sedere per tutti i lavoratori durante i pasti; che sia situato in un luogo adatto e che non possa trovarsi in scantinati o cantine. Sul posto deve essere disponibile acqua potabile fresca e filtrata tramite fontanelle inclinate o simili, senza la possibilità di condividere i bicchieri.

La zona pranzo deve rispettare gli stessi standard costruttivi degli alloggi e dei servizi igienici

(ZARPELON; DANTAS; LEME, 2008). Deve avere un'altezza minima del soffitto di 2,80 metri o quanto stabilito dal regolamento edilizio del comune in cui si trova, un pavimento in cemento o calcestruzzo o altro materiale simile lavabile, illuminazione e ventilazione naturale e/o artificiale e non deve essere collegato direttamente ai servizi igienici (BRASIL, 2015b).

Ogni cantiere deve disporre di un luogo per riscaldare i pasti, con attrezzature adeguate, indipendentemente dalla presenza di una cucina o dal numero di lavoratori. È vietato riscaldare o preparare i pasti in qualsiasi altro ambiente (BRASIL, 2015b).

3.4.5 Cucina

Secondo la norma NR-18 (BRASIL, 2015b), quando si preparano cibi nei cantieri, la cucina deve avere un lavello per lavare gli utensili e gli alimenti; un luogo per conservare e refrigerare gli alimenti; una superficie resistente al fuoco; servizi igienici non collegati al pozzo di raccolta dei grassi, esclusivamente per gli addetti alla cucina e non collegati direttamente ad esso, con un contenitore con coperchio per lo smaltimento dei rifiuti e, nel caso di utilizzo di gas di petrolio liquefatto (GPL), deve essere alloggiato in un'area ventilata e coperta al di fuori dell'ambiente della cucina.

Nei cantieri, la cucina deve rispettare gli stessi standard costruttivi delle altre strutture della zona abitativa, con un pavimento in cemento cementato o in qualsiasi materiale lavabile; costruita in muratura, cemento, legno o qualsiasi materiale corrispondente; avere un'altezza del soffitto di 2,80 metri o in conformità con il codice edilizio del comune in cui si svolgono i lavori; ventilazione naturale o artificiale che consenta l'espulsione dell'aria viziata; illuminazione naturale e/o artificiale e impianti elettrici protetti e adeguati (BRASIL, 2015b).

3.4.6 Lavanderia

Secondo la norma NR-18 (BRASIL, 2015b), nelle aree di soggiorno deve essere presente un'area coperta, illuminata e ventilata per lavare, asciugare e stirare gli indumenti quando i lavoratori sono alloggiati. In loco devono essere presenti tutti i serbatoi individuali o collettivi necessari e l'azienda può affidare a terzi i servizi senza alcun costo per il lavoratore.

3.4.7 Pazienti esterni

Quando si tratta di cantieri con 50 o più lavoratori, è obbligatorio avere un ambulatorio medico in loco (BRASIL, 2015b), e l'NR-7, che si occupa dei Programmi di Controllo Medico della Salute sul Lavoro (PCMSO), afferma che "ogni stabilimento deve essere dotato del materiale necessario per fornire il primo soccorso, tenendo conto delle caratteristiche dell'attività svolta; conservare questo materiale in un luogo adatto, sotto la cura di una persona formata a questo scopo" (BRASIL, 2013b, p. 5).

3.4.8 Area di svago

Quando i lavoratori sono alloggiati in cantiere, nelle aree di soggiorno deve essere prevista un'area ricreativa designata per questi lavoratori, e la zona pranzo può essere utilizzata a questo scopo (BRASIL, 2015b).

3.5 Caratterizzazione e aspetti compositivi dei contenitori standard ISO

Secondo il Decreto n. 80.145 dell'agosto 1977, il contenitore standard dell'Organizzazione Internazionale per la Standardizzazione (ISO) "è un contenitore in materiale resistente, progettato per trasportare merci in modo sicuro, inviolabile e rapido, dotato di un dispositivo di sicurezza doganale" (BRASIL, 1977, p. 1).

In Brasile, nel 1971, le norme tecniche e di sicurezza proposte dall'ISO sono state ratificate attraverso convenzioni internazionali dagli organi dell'Associazione Brasiliana di Norme Tecniche (ABNT) e dell'Istituto di Metrologia, Standardizzazione e Qualità Tecnica (INMETRO). In questo modo sono nati i primi standard per i contenitori, tra cui la classificazione, le dimensioni, la terminologia, le specifiche e altro ancora (PIZAIA et al., 2012).

I container sono comunemente utilizzati per il trasporto di merci su camion, aerei, treni e navi, in quanto si tratta di un modo più sicuro di trasportare le merci, con costi di trasporto inferiori e una maggiore facilità di carico e scarico, considerando che i container sono progettati per resistere a un uso costante (PIZAIA et al., 2012).

Secondo Carbonari e Barth (2015), i container sono moduli metallici prefabbricati costituiti da profili e lamiere di acciaio patinato, noto anche come acciaio Corten. Questo acciaio ha elevate proprietà anticorrosive che agiscono come una pellicola di ossido che protegge il materiale e riduce l'azione degli agenti corrosivi.

Secondo Carbonari e Barth (2015), i container hanno una struttura composta da quattro travi superiori e inferiori che sono collegate da pilastri per formare una parte rigida. Il guscio è costituito dal pavimento e da altri cinque pannelli, uno in alto, uno sul retro, due sui lati e il pannello frontale, che ha un'apertura con due ante, tutti saldati alle travi perimetrali come mostrato nella Figura 1.

Figura 1 - Composizione di un contenitore ISO

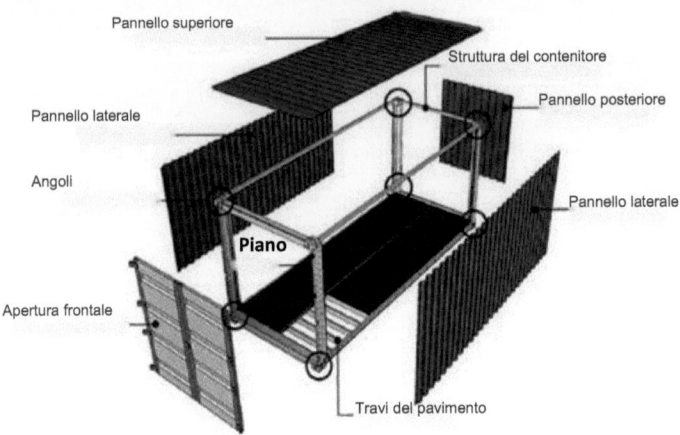

Fonte: Carbonari (2015).

I container possono sopportare fino a dieci volte il proprio peso, il che consente di raggruppare staticamente otto moduli in direzione trasversale e tre moduli in direzione longitudinale. Questo è possibile solo perché i carichi vengono sostenuti e trasferiti dalle travi ai pilastri e portati ai punti di appoggio della struttura del container. Tuttavia, per garantire l'efficienza della struttura e la trasmissione dei carichi, è essenziale assicurare che gli angoli rimangano in posizione uno sopra l'altro (CARBONARI; BARTH, 2015).

Secondo CBF Cargo (2015), le unità di misura utilizzate per standardizzare le dimensioni dei container sono piedi (') e pollici ("). Queste dimensioni corrispondono a quelle associate alla lunghezza e alle misure esterne. I container possono avere diverse altezze e lunghezze, ma la larghezza è l'unica dimensione invariabile.

Al termine della loro vita utile, Carbonari e Barth (2015) riportano che i container un tempo utilizzati per il trasporto di merci vengono scartati, causando uno smaltimento su larga scala di vecchi modelli nell'industria portuale. Pertanto, il loro utilizzo nell'ICC rappresenta un'alternativa per il riutilizzo di questo materiale, oltre ad avere un grande potenziale in termini di resistenza e versatilità.

3.5.1 Tipi di contenitori standard ISO

Nel settore sono disponibili diversi tipi di container, che variano per dimensioni, forma e resistenza. I più utilizzati in edilizia sono i container Dry da 20 e 40 piedi (OCCHI; ALMEIDA, 2016).

Questo studio presenterà tre modelli di container che possono essere utilizzati per l'installazione di aree abitative temporanee. A tal fine, il container deve soddisfare i requisiti della norma NR-18, che prevede un'altezza minima del soffitto di 2,40 metri e altri requisiti specifici per l'utilizzo di questi moduli nei cantieri (CARBONARI, 2015).

Pertanto, tutte le modifiche e gli adattamenti necessari alle dimensioni di questi moduli saranno considerati in fase di progettazione architettonica, in modo che siano conformi alla norma, poiché non sono stati progettati come spazi abitabili (CARBONARI, 2015).

3.5.1.1 Container standard da 20 piedi a secco

I container dry sono quelli più comunemente utilizzati per carichi generici, secchi o non deperibili con un rapporto peso/volume medio. Hanno una struttura a parallelepipedo con porte anteriori. Esistono alcune varianti in questa categoria, come quelle con ganci per il trasporto di vestiti. Questo tipo di container è anche uno dei più utilizzati per modificare questi moduli in spazi abitabili (PIZAIA et al., 2012).

Secondo Occhi e Almeida (2016), il container Dry da 20 piedi mostrato nella Figura 2 ha dimensioni esterne di 2,59 m di altezza, 6,06 m di lunghezza, 2,44 m di larghezza e può contenere fino a 24 tonnellate.

Figura 2 - Contenitore Dry Standard da 20 piedi

Fonte: CW Estruturas Metálicas LTDA (2015).

La tabella 1 riporta le dimensioni fornite da MAXTON Logistica e Transportes (2016), riferite a misure esterne e interne, quali dimensioni di apertura, peso supportato e cubatura.

Tabella 1 - Misure del container secco da 20 piedi o standard

Misure	Dimensioni (mm)			Peso (kg)		Cubatura (m)³
	Comp.	Alt.	Larghezza	Tara	massima Carico	
Misura esterna	6.058	2.591	2.438			
Misura interna	5.910	2.388	2.346	24.000	2.080 21.920	33,2
Altezza della porta	-	2.282	2.340			

Fonte: adattato da MAXTON Logistica e Transportes (2016).

3.5.1.2 Container standard da 40 piedi a secco

Il container Dry Standard da 40 piedi ha dimensioni di larghezza e altezza identiche a quelle del Dry da 20 piedi, variando solo in lunghezza, con 12,19 metri e una capacità di carico massima di 26,93 kg (OCCHI; ALMEIDA, 2016).

Questo modello di container, come il Dry da 20 piedi, è uno dei più comuni della categoria Standard e può essere facilmente modificato a 10 o 45 piedi, a seconda dello scopo. Questi container sono anche i più utilizzati per adattare i container a uffici, case, scuole, guardiole, ecc. Per questi adattamenti vengono spesso utilizzati materiali per il rivestimento sia interno che esterno, come illustrato nella Figura 3 (GRUPO IRS, 2016).

Figura 3 - Contenitore Dry Standard da 40 piedi

Fonte: CW Estruturas Metálicas LTDA (2015).

La tabella 2 mostra le dimensioni indicate da MAXTON Logistica e Transportes (2016) per il container Dry da 40 piedi in termini di dimensioni esterne e interne, come le dimensioni di apertura, il peso supportato e la capacità cubica.

Tabella 2 - Misure dei container da 40 piedi a secco

Misure	Dimensioni (mm)			Peso (kg)		Cubatura (m)³
	Comp.	Alt.	Larghezza	Tara massima	Carico	
Misura esterna	12.192	2.591	2.438			
Misura interna	12.044	2.380	2.342	30.4803	.55026.930	67,6
Altezza della porta		2.280	2.337			

Fonte: adattato da MAXTON Logistica e Transportes (2016).

3.5.1.3 Contenitore a secco a cubo alto 40 piedi

I container high-cube hanno una struttura simile a quella dei container standard, con una differenza di altezza che consente di aumentare il volume di circa il 12% rispetto ai 40 piedi secchi (PIZAIA, 2012).

Il container Dry High Cube ha dimensioni esterne di 2,90 m di altezza, 12,19 m di lunghezza, 2,44 m di larghezza e una capacità massima di 30,48 tonnellate (OCCHI; ALMEIDA, 2016). La Figura 4 mostra un container Dry High Cube di 40 piedi.

Figura 4 - Contenitore Dry High Cube da 40 piedi

Fonte: CW Estruturas Metalicas LTDA (2015).

Il modello Dry High Cube da 40 piedi è un'alternativa che permette di ottenere altezze di soffitto maggiori, consentendo una migliore sistemazione delle persone in uno spazio abitabile, oltre al vantaggio di facilitare l'incasso degli impianti nel cartongesso (FIGUEROLA, 2013).

La Tabella 3 riporta le dimensioni indicate da MAXTON Logistica e Transportes (2016), riferite alle misure esterne e interne, come le dimensioni di apertura, il peso supportato e la cubatura per i container High Cube da 40 piedi.

Tabella 3 - Misure del container cubico di 40 piedi di altezza

Misure	Dimensioni (mm)			Peso (kg)		Cubatura (m)³
	Comp.	Alt.	Larghezza	Tara massima	Carico	
Misura esterna	12.192	2.895	2.438			
Misura interna	12.032	2.695	2.350	30.4804	.15026.330	76,2
Altezza della porta -		2.338	2.585			

Fonte: adattato da MAXTON Logistica e Transportes (2016).

3.6 Utilizzo di container nei cantieri

I container sono sempre più utilizzati come supporto e materia prima nell'edilizia brasiliana, soprattutto quando si tratta di edifici, opere residenziali e commerciali, tra gli altri (CARBONARI, 2015). In termini di durata, si sono dimostrati un'alternativa versatile: secondo Figuerola (2013), dopo essere stati adattati per l'uso nell'edilizia civile, i container hanno una durata stimata di 90 anni, a condizione che vengano sottoposti a manutenzione periodica.

NR-18 (BRASIL, 2015b) consente l'uso di container ISO per l'installazione temporanea di aree abitative nei cantieri, a condizione che i moduli abbiano il 15% della superficie del pavimento per la ventilazione naturale e due aperture che consentano un'adeguata ventilazione interna, garantendo adeguate condizioni di comfort termico.

Secondo la norma NR-18 (BRASIL, 2015b, p. 53), i cantieri possono essere definiti come "l'area di lavoro fissa e temporanea in cui si svolgono le operazioni di supporto e l'esecuzione di un progetto di costruzione"; questo ambiente è influenzato da tutte le attività incluse nel progetto e, secondo la norma NB-1367 (ABNT, 1991), è suddiviso in aree abitative e operative.

Queste strutture devono avere un'altezza minima del soffitto di 2,40 metri e devono garantire le condizioni minime di comfort e igiene richieste dalla norma NR-18. I contenitori devono inoltre essere dotati di messa a terra per garantire che i lavoratori a diretto contatto siano protetti dal rischio di scosse elettriche. Le strutture mobili, se utilizzate a scopo di alloggio, devono contenere letti a castello e l'altezza libera tra i letti deve essere di almeno 0,90 metri (BRASIL, 2015b).

L'adattamento dei container utilizzati per il trasporto e lo stoccaggio di merci richiede la conservazione in loco di una relazione tecnica, redatta da un professionista legalmente qualificato e disponibile sia per il sindacato professionale che per l'ispettorato del lavoro, che attesti l'assenza di rischi fisici (in particolare radiazioni), chimici e biologici identificati dall'azienda responsabile della modifica del container (BRASIL, 2015b).

Secondo Saurin e Formoso (2006), i container sono ampiamente utilizzati, soprattutto nei Paesi sviluppati, perché presentano vantaggi quali la velocità di montaggio e smontaggio, oltre a consentire la creazione delle più svariate disposizioni interne e il riutilizzo della struttura. Costa (2015) sottolinea il crescente utilizzo, l'influenza del basso costo, della mobilità, della flessibilità, della bassa produzione di rifiuti, della riciclabilità e della durata nella sfera ambientale.

Eurobras (2016) sottolinea che i moduli possono essere prodotti mentre il cantiere è in fase di preparazione, con conseguente riduzione delle interruzioni in loco per l'avvio dei lavori, oltre a minori perdite di tempo per il dimensionamento dei progetti e l'esecuzione di installazioni provvisorie. D'altro canto, Costa (2015) e Araujo (2009) sottolineano i problemi relativi alle prestazioni termiche, in quanto i moduli hanno una scarsa capacità di isolamento termico e raccomandano quindi di adattare il container utilizzando un qualche tipo di isolamento termico per controllare le temperature al fine di ottenere migliori condizioni di comfort per i lavoratori. Nell'edilizia civile, questo isolamento termico può essere realizzato con materiali relativamente economici e facilmente reperibili sul mercato, e l'isolamento è incorporato tra la struttura del container (OCCHI; ALMEIDA, 2016).

Il crescente utilizzo dei container ha portato allo sviluppo di un sistema costruttivo innovativo basato sulla modellazione spaziale. Le caratteristiche di espandibilità e flessibilità della costruzione aprono infinite possibilità di modificare o creare nuovi spazi dinamici e multifunzionali, presentando costruzioni flessibili che permettono di creare spazi che rispondono alle esigenze degli utenti (CARBONARI, 2015).

3.7 Bilancio

Secondo Carbonari (2015), a causa delle caratteristiche e delle particolarità presentate dagli edifici costruiti con container, è necessario effettuare un'analisi di fattibilità tecnica ed economica, oltre a verificare la disponibilità e l'accessibilità di questi moduli nella regione.

Secondo Rodrigues e Rozenfeld ([s.d.], p. 1), l'analisi di fattibilità economico-finanziaria di un progetto, sia esso per lo sviluppo di servizi o prodotti, consiste nell'analizzare e stimare gli aspetti della performance finanziaria di questi servizi o prodotti correlati derivanti dal progetto. L'analisi inizia nella fase di definizione del progetto, perché quando si sceglie il prodotto da sviluppare, la decisione si basa sull'analisi di fattibilità di questo progetto. Per stimare il prezzo finale del prodotto, il progetto nel budget di previsione è il risultato delle attività precedenti, in modo da poter verificare che il progetto sia fattibile e che copra tutti i costi applicati nello sviluppo.

Secondo Limmer (2015, p. 86), "un budget può essere definito come la determinazione delle spese necessarie per realizzare un progetto, secondo un piano di esecuzione precedentemente stabilito, che vengono tradotte in termini quantitativi".

Per Limmer (2015), il budget di un progetto deve soddisfare i seguenti obiettivi:

a) Definire il costo dello svolgimento delle attività o dei servizi;

b) Servire come base per l'analisi delle entrate ricevute dalle risorse investite per la realizzazione del progetto;

c) Elaborare un documento formale che illustri le basi di fatturazione dell'impresa esecutrice per chiarire eventuali dubbi o omissioni sui pagamenti;

d) Servire da controllo per la realizzazione del progetto, fornendo informazioni per la produzione di tecniche affidabili, con l'obiettivo di far progredire la capacità tecnica e la competitività dell'azienda che realizza il progetto (LIMMER, 2015).

Secondo Limmer (2015), quando si redige un budget, in genere ci si basa su informazioni raccolte prima o all'inizio del progetto, molte delle quali si trovano in una fase iniziale e il cui dettaglio sarà possibile solo dopo che sarà trascorso un certo tempo, attraverso lo sviluppo dei progetti di base e dettagliati e il completamento del progetto. Qualsiasi valutazione del budget può essere affetta da errori, che possono essere minori o maggiori a seconda della qualità delle informazioni utilizzate per prepararlo.

L'Istituto di Ingegneria (2011), attraverso la norma tecnica n. 01/2011, afferma che il budget può variare a seconda della fase del progetto e può essere di tipo preventivo, preventivo preliminare, preventivo di massima, preventivo analitico o dettagliato e preventivo sintetico o riassuntivo.

In base alle diverse tipologie di budget e alla loro adattabilità alle varie fasi del progetto, i budget analitici e sintetici si inseriscono nel contesto del lavoro, essendo fondamentali per la preparazione dell'analisi di fattibilità.

3.7.1 Bilancio analitico

Il budget analitico è il modo più dettagliato e preciso di prevedere il costo di un progetto. Viene realizzato sulla base di composizioni di costi e di un'attenta ricerca dei prezzi degli input, nel tentativo di avvicinarsi il più possibile al costo "reale" (MATTOS, 2014).

Questo comprende i costi unitari per ogni servizio dell'opera, tenendo conto della quantità di manodopera, attrezzature e materiali spesi per l'esecuzione. "Oltre al costo dei servizi (costo diretto), si calcolano anche i costi di manutenzione del cantiere, delle squadre tecniche, amministrative e di supporto, gli onorari, gli emolumenti, ecc. (costo indiretto), arrivando a un valore di bilancio preciso e coerente" (MATTOS, 2014, p. 42).

Secondo Valentini (2009), il budget analitico consiste in un progetto più dettagliato di attività, formato e determinato da composizioni, dove si ottiene il costo diretto. Poi, attraverso i costi diretti sommati ai benefici e alle spese indirette (BDI), si stabilisce il prezzo di vendita.

In generale, i bilanci per voci possono essere suddivisi in servizi o gruppi di servizi, rendendo più facile la determinazione dei costi parziali. Un bilancio può essere più o meno dettagliato a seconda dello scopo a cui è destinato e la sua accuratezza è variabile, ma non esiste un bilancio totalmente corretto o esatto, ci sono sempre variabili, problemi e dettagli che finiscono per causare errori. Ogni budget è vulnerabile all'incertezza, ma gli errori possono essere ridotti al minimo grazie a un'attenta valutazione e alla cura dei dettagli (GONZALEZ, 2008 apud FAILLACE, 1988; PARGA, 1995).

3.7.2 Bilancio di sintesi

Secondo l'Istituto di Ingegneria (2011, p. 17), il budget sintetico "è l'insieme di informazioni presentate in fogli di calcolo, contenenti l'elenco dei servizi in forma sintetica, con i prezzi parziali e totali per l'esecuzione di un progetto di costruzione più il BDI. Può essere considerato come una sintesi del Budget analitico".

"Il bilancio sintetico si calcola con il metodo degli indici di costruzione. Per poterlo utilizzare, è indispensabile avere un progetto di base dal quale verranno calcolate tutte le macroattività misurabili" (VALENTINI, 2009, p. 12).

3.7.3 Tavolo Sinapi

Per la realizzazione di opere con risorse dell'Unione, i valori dei costi unitari devono essere formati dal Sistema Nazionale di Ricerca e Indici dei Costi e delle Costruzioni Civili (SINAPI, 2015), come stabilito dall'articolo 3 del Decreto n. 7.983/2013:

Art. 3 Il costo complessivo di riferimento delle opere e dei servizi di ingegneria, ad eccezione dei servizi e delle opere infrastrutturali di trasporto, sarà ottenuto dalla composizione dei costi unitari previsti nel progetto che fa parte del bando di gara, che sono inferiori o uguali alla mediana dei loro omologhi nei costi unitari di riferimento del Sistema Nazionale di Ricerca e Costi e Indici delle Costruzioni Civili - Sinapi, ad eccezione delle voci caratterizzate come assemblaggio industriale o che non possono essere considerate costruzioni civili (BRASIL, 2013a, p. 1).

Inoltre, il sistema di riferimento, attraverso il Decreto n. 7.983 (BRASIL, 2013a) e le leggi guida, è un sistema ampiamente utilizzato da vari enti e organismi dell'amministrazione pubblica federale per ottenere prezzi affidabili per i bilanci dei servizi di ingegneria e delle opere pubbliche (BRASIL, 2014b).

Nei bilanci delle opere pubbliche, i costi devono basarsi sui riferimenti della tabella SINAPI, che include le composizioni dei servizi e i prezzi degli input. Se necessario, le informazioni devono essere adattate alle condizioni particolari di ciascun progetto (SINAPI, 2015).

Secondo Brasil (2014b), il sistema di riferimento genera rapporti sui prezzi degli input, un riepilogo dei costi dei servizi, una composizione analitica con una panoramica delle quantità e degli input, una serie di indicatori e l'andamento dei costi nel settore delle costruzioni e i costi dei progetti.

"Le composizioni Sinapi sono sottoposte a un processo di benchmarking e fanno parte della Banca di riferimento delle composizioni, i cui rapporti sono pubblicati mensilmente anche sul sito web della CAIXA per tutte le capitali brasiliane" (SINAPI, 2015, p. 18).

La standardizzazione dei riferimenti e dei criteri attraverso il Sinapi è fondamentale, in quanto garantisce la standardizzazione dei bilanci, serve come aderenza per gli oneri da parte di enti o organismi, garantisce la razionalizzazione dei servizi, offre maggiore sicurezza ai gestori pubblici e ai responsabili del bilancio, consente la trasparenza riducendo i costi privati per le imprese di costruzione che partecipano alle gare d'appalto, consente criteri di valutazione più oggettivi in relazione ai costi di costruzione e contribuisce come fonte di input per le statistiche (SINAPI 2015).

3.7.4 Margine di errore del bilancio

Il margine di errore è una statistica che mostra il numero di difetti e imprecisioni derivanti dalle stime dei prezzi, nonché gli errori nella quantità di servizi che ogni stima consente (IBRAOP, 2012).

Il grado di sviluppo di un progetto ha un'influenza diretta sul budget, in quanto incide sia sull'accuratezza della stima dei costi sia sul budget che ne deriva. Per quanto riguarda il livello di accuratezza, il budget è legato al tipo di lavoro, poiché alcune quantità di servizi sono meno precise quando vengono stimate (IBRAOP, 2012).

Come riferimento ai margini di errore per valutare il grado di accuratezza di un budget, nella Tabella 1 sono riportate alcune tipologie di budget, in base alla fase del progetto a cui si riferiscono (IBRAOP, 2012).

Tabella 1 - Margine di errore consentito per la stima dei costi

Tipo	Precisione	Margine di errore	Progetto	Elementi necessari
Valutazione	Basso	30%	Bozza preliminare	Superficie edificata Standard di finitura Costo unitario di base
Bilancio sintetico	Media	10 a 15%	Design di base	Piani generali Specifiche di base Prezzi di riferimento
Bilancio	Alto	5%	Progetto esecutivo	Piani dettagliati Specifiche complete

analitico				Prezzi negoziati

Fonte: Corte dei conti federale (BRASIL, 2013b).

Per il costruttore, i margini di errore percentuali riportati nella Tabella 1 non devono essere considerati un'eventualità o un rischio, e l'incorporazione del BDI nel bilancio delle opere pubbliche è indebita (IBRAOP, 2012).

In questo modo, il bilancio analitico ha un margine di errore minore rispetto agli altri, il che significa che la preparazione del vostro progetto richiede dati più completi, guidando la preparazione dello studio di fattibilità del progetto in questione attraverso il bilancio sintetico. Sebbene abbia un margine di errore leggermente maggiore, in termini di precisione è il più appropriato.

3.8 Lo studio di fattibilità

Secondo la Corte dei Conti Federale (TCU), uno studio di fattibilità permette di valutare lo sviluppo che meglio risponde alle esigenze dell'acquirente in termini di aspetti tecnici, ambientali e socio-economici (BRASIL, 2013c).

Gli aspetti tecnici possono essere valutati come possibilità di realizzazione del progetto, mentre il contesto ambientale comprende la futura impresa in una valutazione preliminare dell'impatto ambientale al fine di creare l'armonia appropriata tra l'opera e l'ambiente e, per quanto riguarda l'aspetto socio-economico, si esaminano i miglioramenti e i probabili danni derivanti dalla realizzazione dell'opera (BRASIL, 2013c).

Inoltre, secondo il TCU (BRASIL, 2013c), in questa fase si valutano i costi derivanti dalle possibili alternative e un modo per calcolarli è moltiplicare il costo al metro quadro, che può essere ottenuto da riviste specializzate a seconda del tipo di lavoro, per la superficie corrispondente dell'edificio. In questo modo si ottiene un budget con un ordine di grandezza per ogni progetto, permettendo di stimare il budget ideale. Questa fase è essenziale per comprendere i valori in gioco e scegliere le proposte, poiché non è possibile chiarire con precisione i costi di realizzazione dei lavori.

Infine, il TCU descrive la necessità di analizzare il rapporto costi/benefici delle opere, tenendo conto della compatibilità delle risorse disponibili e delle esigenze della popolazione locale (BRASIL, 2013c).

3 METODOLOGIA DI RICERCA

3.1 Determinazione delle variabili e metodi di analisi

Questo lavoro consiste in una ricerca bibliografica e sul campo condotta in piccoli cantieri della città di Itapiranga e della regione circostante, con un approccio qualitativo e quantitativo, in cui sono stati raccolti dati sulla conoscenza del NR-18 (BRASIL, 2015b), nonché sull'applicabilità del punto 18.4 della normativa sui cantieri.

Per applicare il questionario, sono state effettuate visite sul campo in piccoli cantieri nei comuni di Itapiranga e della regione circostante. Il questionario applicato (Appendice A) è composto da domande volte a valutare la conoscenza dei lavoratori edili sui principali punti indicati nella NR-18, le conseguenze della sua mancata osservanza e le opinioni sulle condizioni e sui miglioramenti dell'ambiente di lavoro (GOMES, 2011).

Oltre all'applicazione del questionario, è stato utilizzato il metodo della *lista di controllo* (Allegato A) per analizzare la presenza o l'assenza di servizi igienici, di un posto per mangiare, di una cucina, di uno spogliatoio, di un alloggio, di una lavanderia, di un ambulatorio e di un'area per il tempo libero, in conformità con la norma NR-18 per i cantieri con un massimo di 19 lavoratori (STRESSER, 2013).

Per l'analisi sono stati raccolti sul campo dati e documenti fotografici relativi alle condizioni di lavoro e alle strutture degli spazi abitativi, utilizzando come strumento la *lista di controllo per l'ispezione dei cantieri redatta* sulla base della norma NR-18, che regola le condizioni di lavoro e l'ambiente nel settore delle costruzioni (STRESSER, 2013).

Secondo Rocha, Saurin e Formoso (2000), la *lista di controllo è* autoesplicativa, cioè non ha bisogno di essere spiegata per essere compresa, per facilitarne l'applicazione. La lista è stata compilata secondo i criteri di Saurin (1997) e prevedeva le opzioni "sì", "no" e "non applicabile".

Il numero di edifici in costruzione per l'applicazione e l'analisi della ricerca sopra presentata è stato determinato attraverso un'indagine sui dati dei municipi dei comuni di Itapiranga, Ipora do Oeste, Sao Joao do Oeste e Tunàpolis, al fine di verificare il numero di piccoli edifici pubblici e/o privati in costruzione. I dati forniti da queste organizzazioni sono riportati nella Tabella 2:

Tabella 2 - Numero di opere in corso nei comuni analizzati

Comune	Numero di opere
Ipora do Oeste	181
Itapiranga	28

Sao Joao do Oeste	56
Tunàpolis	31

Fonte: Autore (2016).

Il numero di progetti edilizi segnalati dal comune di Ipora do Oeste era piuttosto elevato rispetto agli altri comuni, ma questa informazione è stata giudicata dubbia. Il Comune stesso ha giustificato il dato come il risultato di lavori di costruzione iniziati nel 2016 o negli anni precedenti che non hanno richiesto un permesso di costruzione per l'uso effettivo della costruzione o dell'edificio, lavori di costruzione che hanno un permesso di costruzione ma non sono stati iniziati e la costruzione di nuove lottizzazioni negli ultimi anni.

Pertanto, per Ipora do Oeste è stato adottato un numero rappresentativo di 39 opere, che equivale al numero medio di opere nei comuni di Itapiranga, Sao Joao do Oeste e Tunàpolis, caratterizzando un numero più vicino a quello reale, per evitare di falsare i risultati.

Per Barbetta (2002), la determinazione del campione minimo può essere effettuata calcolando la dimensione del campione per popolazioni finite. Questo ci dà

$$n = \frac{N.Z^2.p.(1-p)}{Z^2.p.(1-p) + e^2.(N-1)} \quad n = \frac{154.1{,}645^2.0{,}5.(1-0{,}5)}{1{,}645^2.0{,}5.(1-0{,}5) + 0{,}10^2.(154-1)} = 48 \text{ opere}$$

Dove:

n = campione calcolato;

N = Popolazione;

Z = Variabile normale standardizzata associata al livello di confidenza;

Livello di confidenza del 90% -> Z=1,645

Livello di confidenza del 95% -> Z=1,96

Livello di confidenza del 99% -> Z=2,575

e = errore del campione;

p = Probabilità vera dell'evento.

Considerando un totale di 154 progetti edilizi nei comuni di Itapiranga e nella regione, il campione calcolato è risultato di 48 progetti sottoposti ad analisi, al fine di ottenere un ritorno positivo per lo studio.

3.2 Materiali e attrezzature necessarie

La raccolta dei dati ha comportato una ricerca sul campo nei cantieri edili, utilizzando questionari e liste di controllo, con l'ausilio di cartelline e fogli di carta. Sono state utilizzate anche registrazioni fotografiche per rilevare le condizioni dell'ambiente di lavoro nei cantieri edili.

Il progetto architettonico, elettrico, idraulico e sanitario degli spazi abitativi in un container Dry High Cube di 20 piedi è stato redatto con il *software* AutoCAD, seguito da un'analisi del budget del progetto basata sulla tabella SINAPI per verificare la fattibilità economica.

4 PRESENTAZIONE E ANALISI DEI RISULTATI

Questo capitolo presenta i risultati ottenuti nella fase di applicazione sul campo dei questionari ai cantieri delle città di Itapiranga e della regione, con l'obiettivo di valutare le condizioni di salute, sicurezza e igiene dei lavoratori edili, nonché l'accettabilità dell'utilizzo di container con aree abitative dimensionate, sia per migliorare le condizioni di lavoro nei cantieri, sia per adeguare i cantieri di piccole dimensioni alla normativa NR-18.

L'indagine, che si è avvalsa di un questionario e di una lista di controllo, ha valutato 48 piccoli cantieri situati in quattro città precedentemente nominate e ha interpellato 167 lavoratori, 120 dei quali hanno risposto al questionario. I cantieri valutati sono stati scelti a caso, ogni volta che rispondevano alle caratteristiche della ricerca, fino a un totale di 48 cantieri.

5.1 Risultati dell'analisi delle strutture sanitarie

Le opere valutate sono essenzialmente costruzioni residenziali. Per quanto riguarda l'esistenza di impianti igienico-sanitari nei 48 edifici esaminati, è stata riscontrata la presenza di aree abitative solo in 3 edifici, pari al 6% del totale degli edifici visitati, come mostrato nella Figura 5, ma in tutti sono state riscontrate irregolarità.

Figura 5 - Percentuale di cantieri con aree abitabili

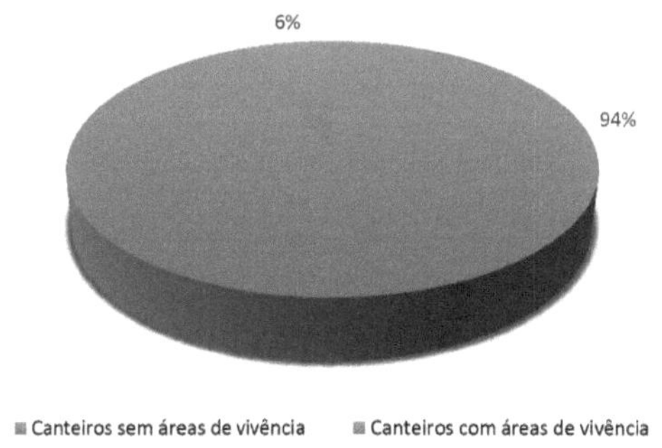

Fonte: Archivio personale (2017).

Le non conformità riscontrate nelle strutture sanitarie dei tre cantieri con aree abitative, etichettati come A, B e C, erano varie. Per quanto riguarda gli impianti elettrici, il sito A non aveva una protezione adeguata, mentre nelle docce mancavano gli appendiabiti e i portasapone in tutti e tre i siti. Nei letti B e C non c'erano né docce né orinatoi. Per quanto riguarda i servizi igienici, in tutti i letti è stata rilevata l'assenza di coperchi sui contenitori per lo smaltimento della carta usata.

In generale, i servizi igienici valutati nei siti A, B e C erano ben mantenuti, igienici e puliti, e gli utenti ne riconoscevano l'importanza e ne apprezzavano la necessità.

La Figura 6 illustra le strutture sanitarie dei siti A, B e C, rispettivamente.

Figura 6 - Impianti sanitari nei cantieri A, B e C

Fonte: Archivio personale (2017).

5.2 Risultati delle analisi dei guardaroba

I siti A e B erano dotati di spogliatoi, ma presentavano alcune irregolarità, come l'installazione di armadietti individuali per la conservazione degli indumenti dei lavoratori nell'area adibita ai pasti e la mancanza di panchine sufficienti per i lavoratori del sito.

Una volta individuata quest'area, è stata riscontrata la mancanza di lucchetti sugli armadietti del sito A, nonché l'uso improprio dell'area, che ora è condivisa da scatole di cartone, sacchi di cemento e un pannello di legno puntellato, che occupano lo spazio e interferiscono con il movimento dei dipendenti. La Figura 7 illustra lo spogliatoio del cantiere A.

Figura 7 - Guardaroba del sito A

Fonte: Archivio personale (2017).

La Figura 8 mostra i singoli armadietti accanto alla zona pranzo al momento della visita e del sopralluogo.

Figura 8 - Spogliatoio del sito B

Fonte: Archivio personale (2017).

5.3 Risultati delle analisi negli alloggi

Nei tre cantieri con strutture temporanee non sono stati forniti alloggi. Nel cantiere A, la fine dei lavori è prevista dopo un anno dalla data di inizio; a tal fine, l'impresa responsabile mantiene i lavoratori in alloggi temporanei in affitto nella città in cui si svolgono i lavori, per garantire migliori condizioni di comfort, salute e igiene ai lavoratori provenienti da altre città. L'impresa responsabile del cantiere B utilizza un minibus per trasportare i lavoratori nella città del cantiere, quindi non c'è un alloggio nel cantiere, proprio come nel cantiere C, che non dispone di questo elemento.

Si può notare che l'assenza di alloggi in tutti e tre i siti si riflette nella mancanza di cucina, lavanderia e aree per il tempo libero, poiché questi elementi sono obbligatori solo quando i lavoratori sono alloggiati in loco.

5.4 Risultati delle analisi nella zona pranzo

Nei siti A e B, dove era presente una zona pranzo, sono state notate alcune irregolarità, come la mancanza di distributori d'acqua inclinati (o simili) nella zona pranzo. Nel sito B è stata osservata anche l'assenza di attrezzature adeguate per il riscaldamento dei pasti.

Nella zona pranzo del sito A, illustrata nella Figura 9, è stata osservata disorganizzazione, oltre a una mancanza di igiene e pulizia.

Figura 9 - Area pranzo del sito A

Fonte: Archivio personale (2017).

La zona pranzo del cantiere A è stata trovata piena di materiali, vestiti, scatole e attrezzi, come mostrato nella Figura 10, che hanno finito per occupare gran parte dello spazio che avrebbe dovuto essere messo a disposizione dei lavoratori per mangiare. La zona pranzo è dotata di lavello, fornello e frigorifero.

Figura 10 - Accumulo di materiali in loco per i pasti del sito A

Fonte: Archivio personale (2017).

La Figura 11 mostra la zona pranzo del sito B e, come già detto, gli armadietti che dovrebbero essere collocati in un'area specifica. Nel sito B, c'erano un lavandino improvvisato e due frigoriferi dove i lavoratori tenevano l'acqua fresca da consumare durante la giornata lavorativa.

Figura 11 - Zona pranzo del sito B

Fonte: Archivio personale (2017).

Nel sito C erano presenti attrezzature per il riscaldamento e/o la preparazione del cibo, come mostrato nella Figura 12, insieme a prodotti per la pulizia e a un lavandino, accanto al quale si trova il bagno. La norma NR-18 stabilisce che la zona cucina non deve essere direttamente collegata ai servizi igienici.

Figura 12 - Attrezzature per il riscaldamento e/o la preparazione dei cibi in loco C

Fonte: Archivio personale (2017).

5.8 Risultati dell'analisi grafica

La lista di controllo applicata ai cantieri con aree abitative ha permesso di valutare in modo più approfondito la conformità delle strutture trovate, in conformità con le disposizioni del punto 18.4 del NR-18.

La Figura 13 riassume la conformità NR-18 delle aree abitative visitate:

a) Tutti i siti visitati dispongono di servizi igienici;

b) Dei siti visitati, solo il 66,66%, ovvero due siti, dispone di uno spogliatoio e di un punto di ristoro;

c) In tutti i siti mancano alloggi, cucine, lavanderie e strutture per il tempo libero.

Figura 13 - Grado di conformità al punto 18.4 di NR-18

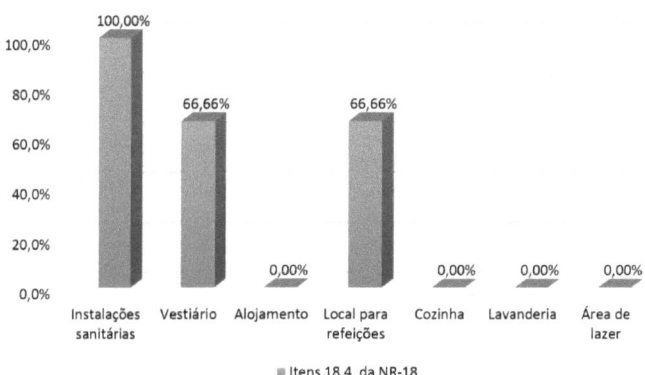

Fonte: Archivio personale (2017).

Abbiamo anche esaminato la performance individuale di ciascun cantiere, valutata identificando le voci che sono state rispettate o diligenti nei cantieri visitati, come mostrato nella Figura 14.

Figura 14 - Grado di conformità alla norma NR-18 in ciascun sito

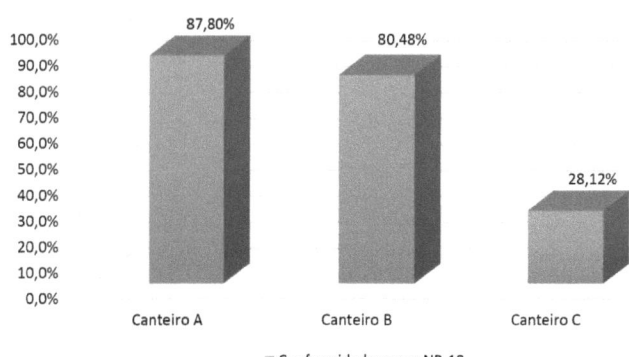

Fonte: Archivio personale (2017).

Vale la pena notare che i tre cantieri valutati con aree abitative, anche se non conformi, appartengono a imprese di costruzione, il che dimostra che si preoccupano delle buone condizioni di lavoro e della sicurezza dei lavoratori. Parlando con i lavoratori, si è notato che la maggior parte dei cantieri valutati sono realizzati da squadre di lavoratori autonomi o microimprenditori, che affermano di non avere i mezzi finanziari per soddisfare le specifiche della norma NR-18.

5.9 Il profilo dei lavoratori

Nel campione studiato sono state individuate alcune caratteristiche personali dei lavoratori, come la funzione svolta, la fascia d'età e l'anzianità di lavoro nel settore edile, oltre a domande relative alla conoscenza dello standard NR-18 e all'accettabilità dell'utilizzo di container come aree abitative nei piccoli cantieri.

5.9.1 Funzione svolta sul posto di lavoro

I risultati mostrano che il 63% dei lavoratori intervistati sono muratori, seguiti dal 16% di servitori, dall'11% di muratori, dal 2% di capisquadra e carpentieri e dal 6% di altri lavoratori, come mostrato nella Figura 15. Bello (2015) sottolinea che l'elevato numero di lavoratori che svolgono la funzione di muratore non è sorprendente, in quanto si tratta della funzione con il maggior contingente in qualsiasi cantiere.

Parlando con alcuni degli intervistati, è stato riferito che molti lavoratori svolgono più di un'attività in cantiere e ci sono anche i cosiddetti "fai da te".

Figura 15 - Ruolo svolto sul posto di lavoro

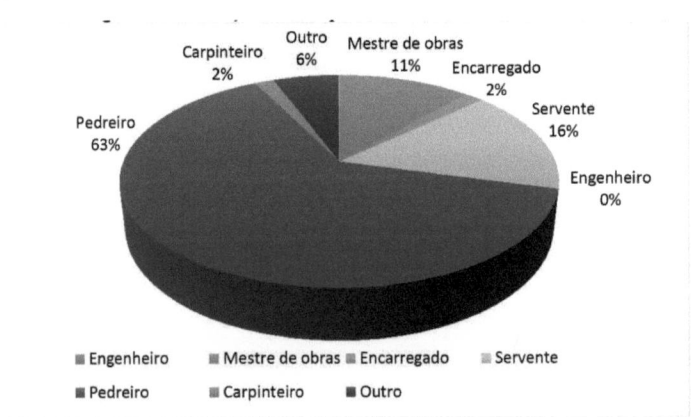

Fonte: Archivio personale (2017).

5.9.2 Fascia d'età dei lavoratori

La forza lavoro nei siti intervistati è composta esclusivamente da lavoratori maschi di un'ampia gamma di età, con il 33% dei lavoratori di età compresa tra i 20 e i 30 anni, seguito dal 28% di età compresa tra i 41 e i 50 anni e dall'altra parte di età compresa tra i 31 e i 40 anni, che rappresenta il 24%. Il gruppo di età superiore ai 50 anni è composto da un numero minore di lavoratori, il 14%, mentre i lavoratori di età inferiore ai 20 anni rappresentano l'1%, come illustrato nella Figura 16.

Figura 16 - Gruppo di età

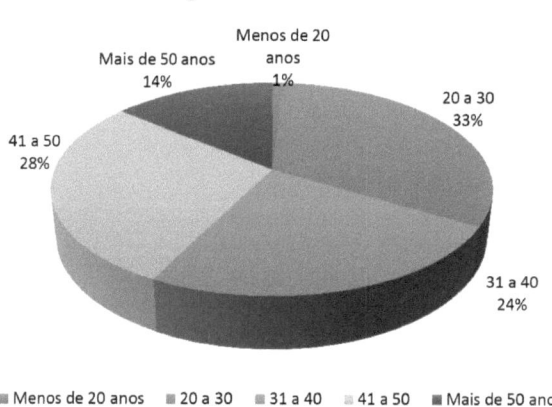

Fonte: Archivio personale (2017).

5.9.3 Anzianità di lavoro nel settore delle costruzioni

La Figura 17 mostra che i lavoratori intervistati hanno carriere ben distribuite nel settore delle costruzioni. La percentuale maggiore, il 24% dei lavoratori, lavora nel settore da 11 a 25 anni. Un'altra percentuale molto vicina, il 22%, dichiara di aver lavorato tra i 5 e i 10 anni. A seguire, con il 19%, meno di 5 anni e il 17% da 16 a 20 anni. Le percentuali più basse sono quelle di chi lavora da 21 a 25 anni, il 10%, e di chi lavora da più di 25 anni, l'8%.

Figura 17 - Tempo di lavoro nel settore edile

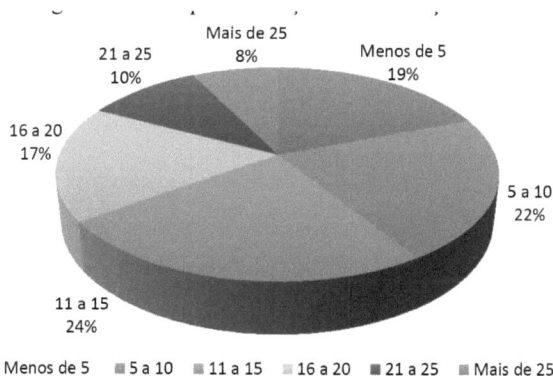

Fonte: Archivio personale (2017).

5.10 Domande relative a NR-18

Alla domanda sulla conoscenza dello standard NR-18 da parte degli intervistati, si può notare nella Figura 18 che poco più della metà, il 51%, ha risposto di no, di non aver mai sentito parlare di questo standard. Seguono il 21% di sì, il 12% di molto poco, il 12% di poco e il 4% di indecisi.

La maggior parte dei lavoratori, che dovrebbero conoscerla bene quanto i datori di lavoro e gli organi di controllo, non è a conoscenza della NR-18. Sebbene gli spazi abitativi non siano direttamente correlati alle cause degli infortuni, Rocha, Saurin e Formoso (2000) sostengono che finiscono per influenzarli in qualche modo, poiché le condizioni precarie degli spazi abitativi contribuiscono a rallentare la motivazione dei lavoratori, oltre a incoraggiare azioni non sicure.

Alcuni degli intervistati che hanno dichiarato di essere a conoscenza dello standard o di averne sentito parlare hanno commentato che si tratta di un argomento spesso trattato nella formazione e nelle lezioni per i lavoratori.

Figura 18 - Conoscenza dell'NR-18 da parte degli intervistati

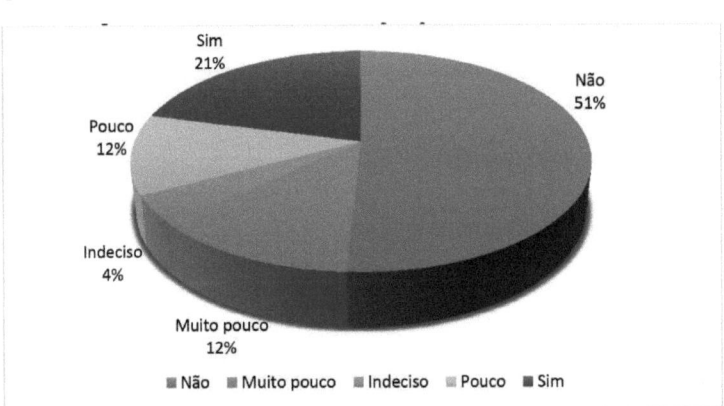

Fonte: Archivio personale (2017).

Alla domanda se gli intervistati fossero a conoscenza del fatto che lo standard NR-18 richiede la realizzazione di aree abitative nei cantieri di qualsiasi dimensione, il 54% dei lavoratori ha risposto di sì e il 23% di no, seguito dall'11% con una conoscenza scarsa, dall'8% molto scarsa e dal 4% indeciso. I risultati della domanda sono riportati nella Figura 19.

Si può notare che la maggior parte dei lavoratori non ha alcuna conoscenza del NR-18, ma conosce o ha sentito parlare di aree abitative, in particolare di servizi igienici in cantiere, un elemento di grande interesse per i lavoratori.

Figura 19 - Realizzazione obbligatoria di aree abitative secondo la norma NR-18

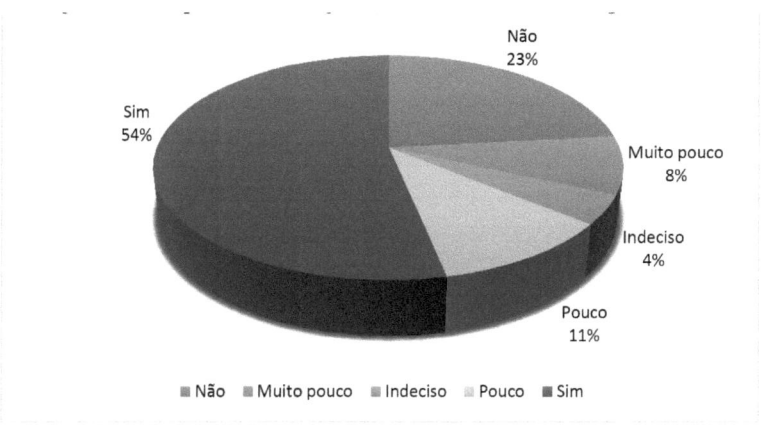

Fonte: Archivio personale (2017).

La domanda successiva, riportata nella Figura 20, analizza la consapevolezza degli intervistati sul fatto che il mancato rispetto di questo standard può comportare multe per il costruttore e l'embargo sui lavori. Il 60% degli intervistati ha risposto sì e il 27% no. Una percentuale minore (5%) ha risposto sì o molto poco, mentre il 3% è indeciso.

La maggior parte dei professionisti intervistati ha risposto di non essere a conoscenza dell'NR-18, ma di aver capito che ogni volta che uno standard viene violato può portare a multe.

Figura 20 - Conseguenze della mancata osservanza dell'NR-18

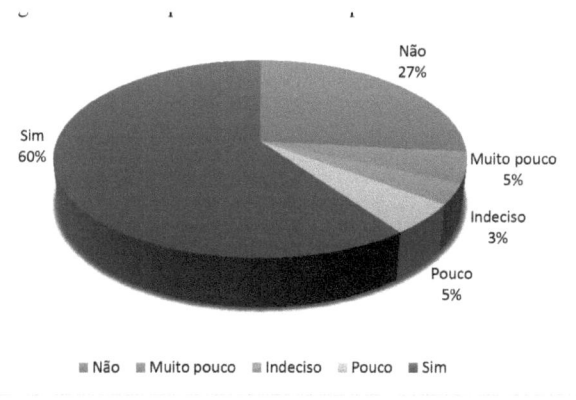

Fonte: Archivio personale (2017).

La Figura 21 mostra il grado di soddisfazione dei lavoratori per le condizioni di igiene e sicurezza in cantiere. Il 68% dei lavoratori ha dichiarato di essere soddisfatto, seguito dal 16% con poca soddisfazione, dal 7% insoddisfatto, dal 6% indeciso e dal 3% con pochissima soddisfazione.

Una percentuale molto significativa di lavoratori è soddisfatta delle condizioni di igiene e sicurezza in cantiere. D'altra parte, durante le conversazioni, molti lavoratori si sentono intimiditi nel rispondere a questa domanda e riferiscono di non avere scelta: o lavorano nelle condizioni che il cantiere presenta o vengono sostituiti da un'altra squadra, che "non ha nulla di cui lamentarsi".

Per quanto riguarda la sicurezza, alcuni lavoratori hanno affermato che la sicurezza di ogni membro è responsabilità del lavoratore stesso e che ognuno dovrebbe sapere fino a che punto può rischiare nello svolgimento di un determinato compito.

Figura 21 - Livello di soddisfazione per le condizioni di igiene, salute e sicurezza in loco

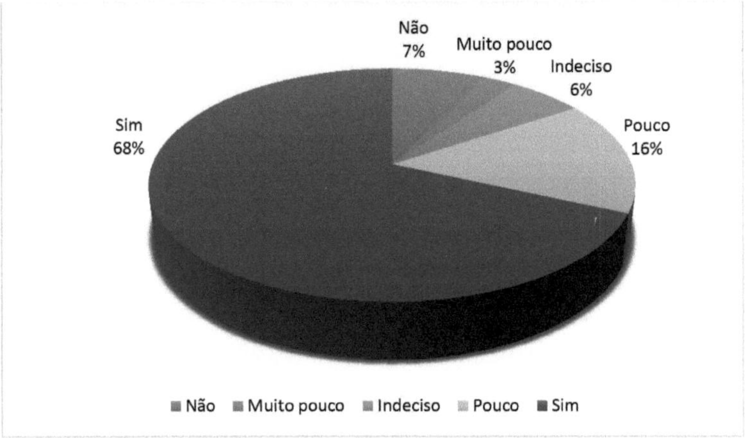

Fonte: Archivio personale (2017).

Per quanto riguarda la necessità di realizzare aree abitative nei cantieri per garantire buone condizioni di salute, sicurezza e igiene ai lavoratori edili, il 77% degli intervistati ritiene che lo sia. In numero minore, il 9% ritiene che la realizzazione di aree di soggiorno non sia molto necessaria, seguito da un 6% di indecisi che la ritengono non necessaria e da un 2% che la ritengono molto non necessaria, come mostrato nella Figura 22.

Figura 22 - Opinioni dei partecipanti al sondaggio sulla realizzazione di aree abitative

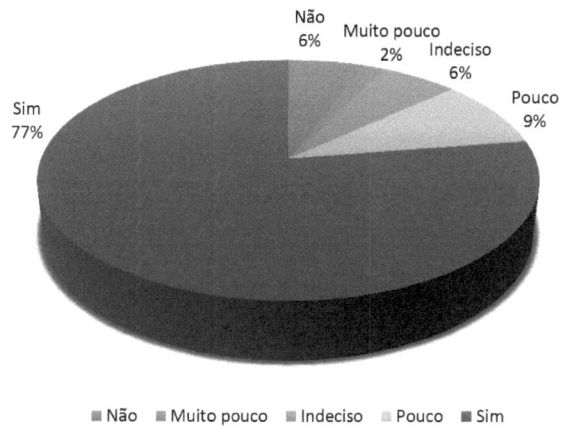

Fonte: Archivio personale (2017).

Alla domanda sul loro interesse per l'esistenza di aree abitative nei cantieri, il 77% del campione si è dimostrato interessato, mentre il 13% ha dichiarato di essere poco interessato. In misura minore, il 7% ha risposto di no, il 2% era indeciso e l'1% era molto poco interessato, come mostrato nella Figura 23.

La stragrande maggioranza degli intervistati è interessata all'esistenza di spazi abitativi e indica l'installazione di servizi igienici come la sua maggiore esigenza.

Figura 23 - Opinioni dei lavoratori sull'esistenza di aree abitative nel cantiere

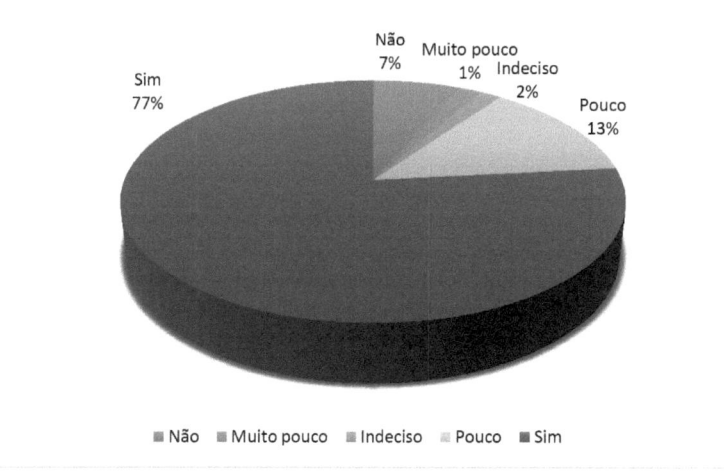

Fonte: Archivio personale (2017).

Ai professionisti intervistati è stato anche chiesto se si sentissero più disponibili al lavoro. di lavorare in un ambiente di lavoro in cui ci sono spazi vitali per soddisfare le esigenze di base, l'81% degli intervistati ha risposto di sì, il 9% ha detto un po', il 6% era indeciso e il 4% dei lavoratori ha detto che non interferiva con la propria disposizione al lavoro, come mostrato nella Figura 24.

Si può notare che la maggior parte dei lavoratori ritiene che l'installazione di aree abitative abbia un impatto diretto sull'ambiente di lavoro nel cantiere. Questo risultato riflette lo stato psicologico dei lavoratori, poiché le condizioni di lavoro sono fattori cruciali per la valorizzazione dei lavoratori e la loro integrazione nella società, oltre a garantire la loro qualità di vita.

Zarpelon, Dantas e Leme (2008, p. 86) sostengono che "l'impresa edile che incorpora il rispetto della sicurezza, della salute e dell'igiene sul lavoro nei suoi progetti riflette la sua responsabilità sociale, integra il lavoratore nella società, recuperando la sua dignità e incorporando valori che sono accusati e che causano discriminazione nei confronti di questi lavoratori".

Figura 24 - Modalità di lavoro in cantieri con aree abitative

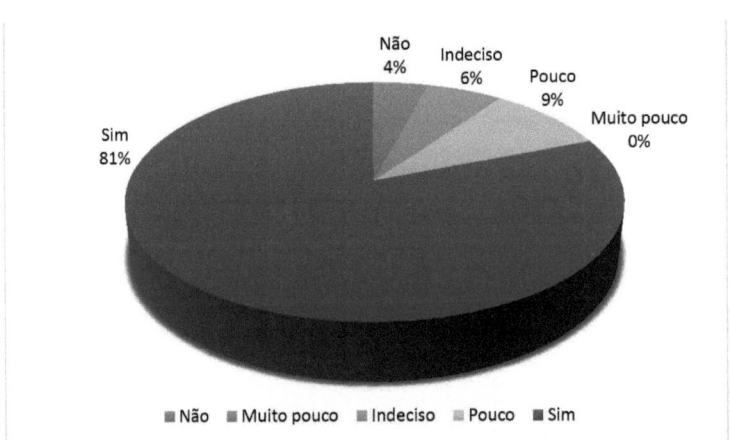

Fonte: Archivio personale (2017).

È stato anche chiesto ai lavoratori se accettano l'uso di container con aree abitative come alternativa per garantire ai lavoratori buone condizioni di salute, sicurezza e igiene. Il risultato è stato positivo, con il 71% degli intervistati che ha risposto sì, il 13% un po', l'11% indeciso, il 3% no e il 2% molto poco. In generale, l'idea è stata accettata positivamente dai lavoratori, come illustra la Figura 25.

Figura 25 - Accettabilità dell'uso dei contenitori

Fonte: Archivio personale (2017).

5.11 Container da 20 piedi a secco con aree abitabili

Il container con aree abitative dimensionate per cantieri con un massimo di 10 lavoratori è stato progettato con l'obiettivo di allineare i piccoli cantieri alla norma NR-18, oltre a garantire migliori condizioni di sicurezza, salute e igiene per i lavoratori, con l'obiettivo di ridurre i costi a lungo termine e la mobilità. Secondo Occhi e Almeida (2016, p. 20) "in un cantiere che utilizza container, è possibile portare il modulo in cantiere pronto per l'uso".

Lo studio è stato condotto utilizzando un container Dry da 20 piedi, con dimensioni interne di 2,35 metri di larghezza, 5,91 metri di lunghezza e 2,39 metri di altezza, in cui sono stati dimensionati gli spazi abitativi, con l'alloggio suddiviso in servizi igienici e luogo di ristoro, al fine di soddisfare le specifiche della norma NR-18.

Sebbene la normativa limiti l'utilizzo di questi moduli con un'altezza del soffitto inferiore a 2,40 metri, il modello utilizzato ha dimostrato un maggiore potenziale economico per i cantieri di piccole dimensioni grazie alle sue dimensioni in lunghezza, che oltre a consentire lo spazio per il necessario dimensionamento delle aree abitative, permettono un trasporto pratico e un minore ingombro in cantiere per ospitare gli impianti. La sua flessibilità e il suo potenziale modulare permettono di adattare il container all'altezza minima del soffitto richiesta dalla normativa NR-18.

I servizi igienici dispongono di un bagno completo per i lavoratori, con tutte le attrezzature necessarie per un uso corretto, come un lavabo individuale con rubinetto, un dispenser per il sapone liquido, asciugamani di carta e un contenitore per lo smaltimento della carta usata. Cabina igienica, con una superficie di 1,00m^2 , contenente un wc con cassetta di scarico esterna, carta igienica e un contenitore con coperchio per lo smaltimento della carta, oltre a un orinatoio con scarico automatico e una cabina doccia di 0,80m2 , una doccia con erogazione di acqua calda, un gancio per asciugamani e un portasapone.

La zona pranzo è stata progettata con un lavabo, un distributore d'acqua a getto inclinato, un forno a microonde per riscaldare i pasti, un lavandino, due sgabelli e due tavoli per ospitare 10 lavoratori, oltre a impianti elettrici, idraulici e sanitari completi. Le aperture esterne e interne del container saranno in metallo. La Figura 26 mostra la pianta del container con il dimensionamento delle aree abitative.

Figura 26 - Pianta del piano tecnico

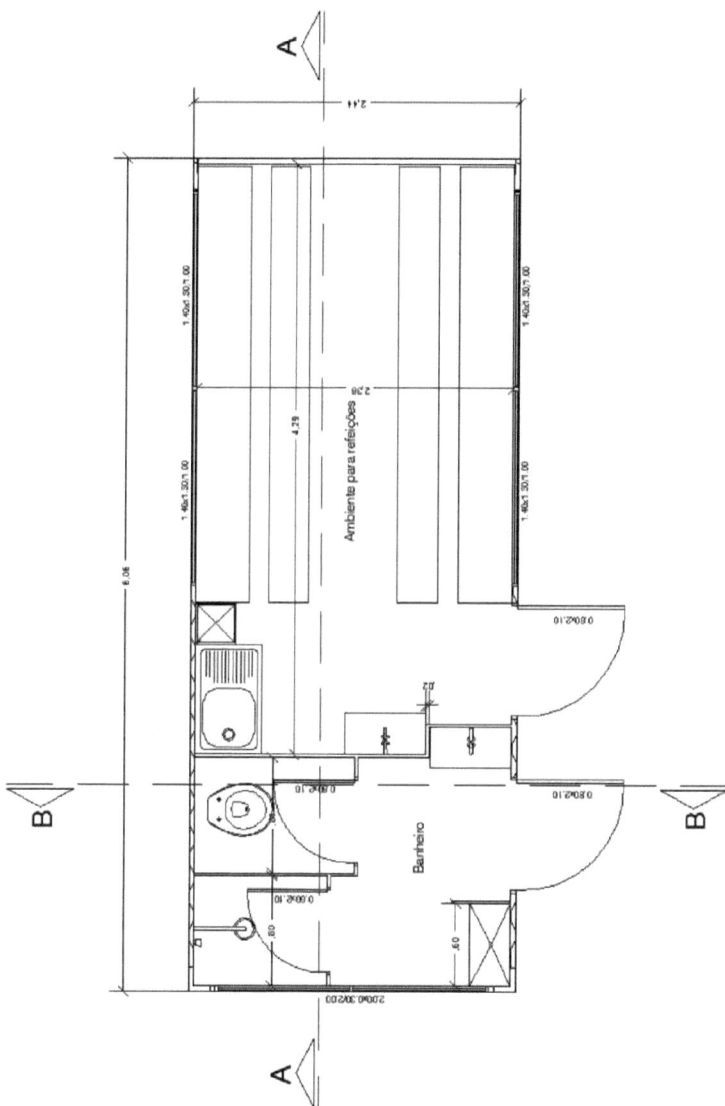

Fonte: Archivio personale (2017).

L'approvvigionamento idrico del container avverrà tramite un collegamento diretto delle tubature alla rete esistente in cantiere e i rifiuti saranno smaltiti in un box accoppiato sotto la struttura, con una capacità di 4000 litri, tenendo conto che il materiale sarà rimosso una volta alla settimana. L'alimentazione elettrica del container è stata progettata con una derivazione con spina industriale da collegare a una presa del quadro generale di bassa tensione (QGBT) sul lampione.

Il dimensionamento del container con aree abitative non prevede un rimorchio, quindi il modulo può essere trasportato in cantiere con un camion munck. Va notato che il costo del trasporto del container al cantiere e della verniciatura non è stato preso in considerazione nella stesura del preventivo.

La Figura 27 illustra la vista aerea della pianta 3D del container da 20 piedi Dry dimensionato con le aree abitative necessarie.

Figura 27 - Prospettiva

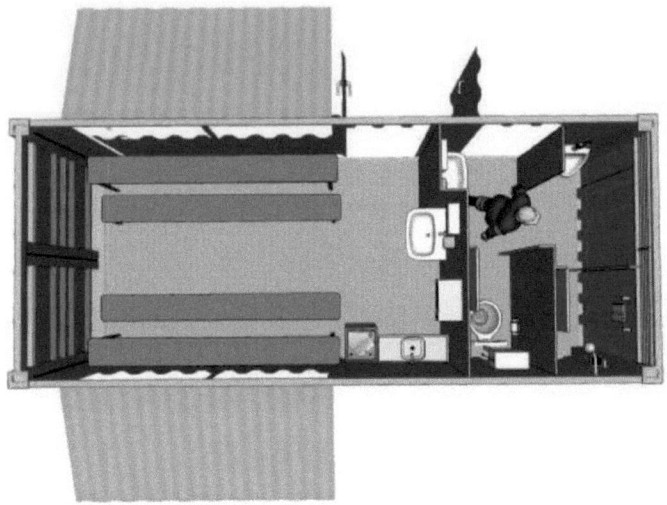

Fonte: Archivio personale (2017).

5.12 Analisi del bilancio

Al fine di inserire ipoteticamente dei container con aree abitative dimensionate per un massimo di 10 lavoratori, è stato redatto un budget per valutare la convenienza economica di questo prodotto. A tal fine, è stata presa come riferimento la tabella Sinapi e sono state effettuate ricerche di mercato nella regione per alcuni articoli necessari all'adattamento del container.

Sulla base dei dati, il valore totale del container adattato è stato stimato in 25.730,65 R$, come illustrato in dettaglio nell'Appendice B.

Per conoscere l'opinione delle imprese edili sull'argomento, è stato condotto un sondaggio informale presso 5 imprese edili della città di Itapiranga e della regione circostante, chiedendo se l'impresa sarebbe disposta a investire in un container con aree abitative per un massimo di 10 lavoratori al valore preventivato, in vista di un futuro tempo di ammortamento, e, in caso contrario, quanto sarebbe disposta a investire.

Secondo la maggior parte delle aziende, la redditività economica del container adattato si aggira tra i 12.000 e i 15.000 R$, e la maggior parte delle imprese di costruzione vede l'idea come positiva ed è interessata a investire. Ciò dimostra che le aziende sono serie sull'argomento e sulla valutazione dell'idea. D'altro canto, l'impresa edile che respinge l'idea del container e continua a credere che questa regola non si applichi ai piccoli cantieri, valuta il budget come esagerato.

L'indagine condotta presso le imprese di costruzione mostra che l'importo preventivato per il container adattato è superiore a quello che tutte le imprese sarebbero disposte a investire, poiché tale importo può essere calcolato e semplificato, dato che la maggior parte delle imprese di costruzione interpellate sono di piccole dimensioni, così come la maggior parte degli edifici costruiti, che sono più piccoli e hanno pochi lavoratori in cantiere.

L'uso della tabella Sinapi per prezzare gli input ha portato a un valore finale che non era inizialmente desiderato. D'altra parte, si ritiene che ricercando gli input su base regionale e producendo questi contenitori su larga scala, sia possibile ridurre questo valore, rendendolo economicamente conveniente per i piccoli cantieri della regione.

5 CONSIDERAZIONI FINALI

Con l'obiettivo di valutare la fattibilità economica della realizzazione di container come aree abitative, in conformità con la norma NR-18, è stata condotta un'indagine sul campo in piccoli cantieri. Le informazioni sono state raccolte utilizzando un questionario e una lista di controllo, nonché le opinioni delle imprese edili sull'argomento.

L'indagine ha coinvolto un campione di 48 cantieri e 120 intervistati, mostrando non solo il profilo dei lavoratori, ma anche la loro conoscenza dello standard NR-18, permettendo di constatare che una buona parte dei lavoratori non è a conoscenza dello standard e delle sue specifiche. Tuttavia, uno dei risultati dell'indagine è che questi lavoratori considerano plausibile l'idea di implementare aree abitative nei cantieri, mostrando interesse per l'argomento e sostenendo che potrebbe risvegliare una maggiore "volontà di lavorare grazie alle migliori condizioni ambientali", a dimostrazione del fatto che i lavoratori sono molto interessati all'applicazione dello standard nei cantieri, in quanto hanno diritto a condizioni di lavoro dignitose.

Per quanto riguarda la conformità legale ai requisiti minimi previsti dal punto 18.4 (aree abitative) del NR-18, si può notare che un gran numero di cantieri presenta situazioni precarie per il lavoro umano, che riflettono il mancato rispetto delle norme e la mancanza di ispezioni da parte dei DRT responsabili. Vale la pena sottolineare che le condizioni di lavoro nei cantieri sono anche il risultato dell'impegno dei dirigenti e della competenza degli organi di controllo.

Da un punto di vista economico, il progetto proposto non ha soddisfatto le aspettative delle imprese edili valutate, rendendo impraticabile l'utilizzo del container per piccoli cantieri al prezzo proposto. Va sottolineato che l'idea è stata ben accettata dai professionisti del settore, dando luogo a ulteriori studi di fattibilità sull'argomento.

Si può notare che l'uso di container adattati ad aree abitative è un'idea valida che presenta diversi vantaggi, tra cui: la riduzione dei rifiuti di materiale grazie alla mancata costruzione di opere temporanee; la velocizzazione dell'implementazione del cantiere per l'inizio dei lavori; migliori condizioni igieniche e sanitarie per i lavoratori; il riutilizzo dei container dismessi nelle città portuali come modo per mitigare gli impatti ambientali.

A conferma di questa idea c'è il fatto che la flessibilità dei moduli consente di spostare i container in aree diverse, nonché la resistenza e la longevità del materiale rispetto alle installazioni temporanee costruite in legno o simili.

In generale, i piccoli cantieri analizzati devono essere adattati in termini di spazi abitativi in conformità con la norma NR-18, al fine di fornire migliori condizioni di sicurezza, salute e igiene ai lavoratori edili. A questo proposito, l'uso dei container può rappresentare un'alternativa più accessibile per attuare i cambiamenti nei cantieri, adeguandoli alle normative vigenti.

L'importanza dello studio è anche legata alle corrette indicazioni sull'installazione di aree abitative nei piccoli cantieri, che possono essere utilizzate da studiosi, imprese e professionisti del settore per garantire migliori condizioni di sicurezza, salute e igiene per i lavoratori edili e, di conseguenza, riflettersi sulla migliore qualità del prodotto finale.

6.1 Limitazioni dello studio

L'uso dei container nelle costruzioni civili è ancora poco conosciuto e accettato nel mercato brasiliano, ma è un'idea che si sta diffondendo e guadagnando slancio grazie al miglioramento delle caratteristiche e della qualità dei materiali, offrendo così l'opportunità di effettuare ulteriori studi sull'argomento, con il tema che servirà a sostenere la continuità dei futuri progetti di ricerca nell'area.

I risultati ottenuti da questo studio possono essere valutati in un lavoro futuro, verificando l'uso di altri modelli di container disponibili sul mercato, dato che lo studio era limitato al container Dry da 20 piedi.

In questo studio sono stati intervistati cantieri in quattro città diverse e 120 lavoratori edili. A questo proposito, vale la pena sottolineare l'importanza dell'area coperta dall'indagine, nonché del numero di cantieri contattati, poiché quanto più ampia è la gamma di informazioni, tanto più accurata tende a essere l'indagine.

6.2 Raccomandazioni per la ricerca futura

A causa dei limiti di tempo della ricerca, alcuni dei risultati iniziali non sono stati raggiunti. Si raccomanda quindi che i lavori futuri sviluppino l'argomento da un'altra angolazione, in modo che l'uso dei container come aree abitative nei piccoli cantieri possa essere valutato in modo più valido in termini di costo-efficacia, consentendo così di investire maggiormente in termini di sicurezza, salute e condizioni igieniche dei cantieri.

Suggeriamo di adattare l'altezza del soffitto del container da 20 piedi a secco a 2,40 metri, il minimo richiesto dalla norma NR-18, e di installare un rimorchio per facilitare lo spostamento dei moduli nei cantieri. Sarebbe utile anche un isolamento termico e/o una verniciatura per migliorare il comfort termico del container, dato che il clima regionale presenta un'ampia gamma di temperature durante l'anno.

Infine, si raccomanda uno studio economico più approfondito del progetto, al fine di ridurre i costi e renderlo più fattibile e accessibile, dato che i container non sono ancora molto diffusi nella regione. Un altro suggerimento opportuno sarebbe quello di prevedere l'installazione di un serbatoio d'acqua collegato al container, che darebbe ancora più autonomia al modulo abitativo.

RIFERIMENTI

ASSOCIAZIONE BRASILIANA DELLE NORME TECNICHE (ABNT). **NB 1367**: Aree abitative nei cantieri. Rio de Janeiro, 1991. Disponibile a:

<https://docs.google.com/viewer?a=v&pid=sites&srcid=ZGVmYXVsdGRvbWFpbnxwb3N1 bmlwbWJhZ29lY2F8Z3g6NGE1ZGM5OWMzZmUxZTA4NA>. Accesso: 13 settembre 2016.

ARAUJO, V. M. **Pratiche raccomandate per una gestione più sostenibile dei cantieri**. 2009. 229 f. Dissertazione (Laurea Magistrale in Ingegneria Edile Civile e Urbana) - Scuola Politecnica, Università di San Paolo, San Paolo, 2009.

BARBETTA, P. A. **Estatistica Aplicada às Ciências Sociais**. 5 ed. Florianópolis: UFSC, 2002.

BELLO, F. O. D. **Profilo dei lavoratori edili a Santa Maria - RS**. 2015. 54 f. Documento di conclusione del corso (laurea) - Centro tecnologico, Università federale di Santa Maria, Santa Maria, 2015.

BRASILE. Coordinamento nazionale per la difesa dell'ambiente di lavoro (CODEMAT). **Lista di controllo - NR 18**. Disponibile all'indirizzo: <http://www.sesmt.com.br/Blog/Artigo/check-list-nr-18>. Accesso: 20 ottobre 2016.

BRASILE. **Decreto n. 80.145**, del 15 agosto 1977. p. 1. Disponibile all'indirizzo: <http://www.planalto.gov.br/ccivil_03/decreto/1970-1979/D80145.htm>. Accesso: 23 ottobre 2016.

BRASILE. **Decreto n. 7.983**, dell'08 aprile 2013a. p. 1. Disponibile all'indirizzo: <http://www.planalto.gov.br/ccivil_03/_Ato2011-2014/2013/Decreto/D7983.htm>. Accesso: 12 ottobre 2016.

BRASILE. Ministero del Lavoro e dell'Occupazione. **NR 1**: disposizioni generali. Brasilia, 2009. p. 1-2. Disponibile all'indirizzo: <http://trabalho.gov.br/images/Documentos/SST/NR/NR1.pdf>. Accesso: 26 settembre 2016.

BRASILE. Ministero del Lavoro e dell'Occupazione. **NR 7**: programmi di controllo medico della salute sul lavoro. Brasilia, 2013b. p. 5. Disponibile all'indirizzo: <http://trabalho.gov.br/images/Documentos/SST/NR/NR7.pdf>. Accesso: 29 settembre 2016.

BRASILE. Ministero del Lavoro e dell'Occupazione. **NR 9**: programma di prevenzione dei rischi ambientali. Brasilia, 2014a. Disponibile a:

<http://trabalho.gov.br/images/Documentos/SST/NR/NR-09atualizada2014III.pdf>. Accesso: 26 settembre 2016.

BRASILE. Ministero del Lavoro e dell'Occupazione. **NR 18**: condizioni di lavoro e ambiente nell'industria delle costruzioni. Brasilia, 2015b. p. 2-53. Disponibile all'indirizzo: <http://trabalho.gov.br/images/Documentos/SST/NR/NR18/NR18atualizada2015.pdf>. Accesso: 26 settembre 2016.

BRASILE. Ministero del Lavoro e dell'Occupazione. **Strategia nazionale per la riduzione degli infortuni sul lavoro 2015-2016**. Brasilia, 2015a. Disponibile all'indirizzo: <http://acesso.mte.gov.br/data/files/FF8080814D5270F0014D71FF7438278E/Estrat%C3%A9gia%20Nacional%20de%20Redu%C3%A7%C3%A3o%20dos%20Acidentes%20do%20Trabalho%202015-2016.pdf>. Accesso: 29 settembre 2016.

BRASIL. **Ordinanza n. 3.214**, dell'08 giugno 1978. p. 2. Disponibile all'indirizzo: <http://www.jacoby.pro.br/diversos/nr_16_perigosas.pdf>. Accesso: 26 settembre 2016.

BRASILE. Corte dei conti dell'Unione. **Linee guida per la stesura di fogli di bilancio per le opere pubbliche**. Brasilia, 2014b. p. 46. Disponibile all'indirizzo: < http://portal2.tcu.gov.br/portal/pls/portal/docs/2675808.PDF>. Accesso: 26 settembre 2016.

BRASILE. Corte dei conti dell'Unione. **Opere pubbliche**: raccomandazioni di base per l'appalto e la supervisione di opere pubbliche. 3. ed. Brasilia: TCU, SecobEdif, 2013c. Disponibile all'indirizzo: <http://www.esporte.gov.br/arquivos/cie/manuaisObraTCU.PDF>. Accesso: 12 ottobre 2016.

CARBONARI, L. T. **Riutilizzo dei container ISO in architettura**: aspetti progettuali, costruttivi e normativi delle prestazioni termiche in edifici del sud del Brasile. 2015. 196 f. Dissertazione (Master in Architettura e Urbanistica)-Centro Tecnologico, Università Federale di Santa Catarina, Florianópolis, 2015.

CARBONARI, L. T.; BARTH, F. Riutilizzo di container standard ISO nella costruzione di edifici commerciali nel sud del Brasile. **PARC Pesquisa em Arquitetura e Construçao**, Campinas, SP, v. 6, n. 4, 2015. Disponibile all'indirizzo: <http://periodicos.sbu.unicamp.br/ojs/index.php/parc/article/viewFile/8641165/11867>. Accesso: 15 settembre 2016.

CBIC. **Guida agli spazi abitativi**: guida all'allestimento di spazi abitativi nei cantieri. Brasilia, DF: CBIC, 2015. Disponibile all'indirizzo: <http://cbic.org.br/arquivos/Guia_Areas_Vivencia.pdf>. Accesso: 02 settembre 2016.

CBF. **Contenitori marittimi**. 2014. Disponibile all'indirizzo: <http://cbfcargo.com/containeres-maritimos.html>. Accesso: 29 settembre 2016.

COSTA, D. C. R. F. **Container metallici per cantieri**: analisi sperimentale delle prestazioni termiche e dei miglioramenti nel trasferimento di calore attraverso l'involucro. 2015. 174 f. Dissertazione (Master in Ingegneria Edile Civile e Urbana) - Scuola Politecnica, Università di San Paolo, San Paolo, 2015.

CW METAL STRUCTURES LTDA. **Contenitore marittimo**, 2015. Disponibile all'indirizzo: <http://www.cwestruturas.com.br/container_maritimo.html>. Accesso: 30 settembre 2016.

ESPINOZA, J. W. M. **Attuazione di un programma di condizioni di lavoro e ambientali nell'industria delle costruzioni per i cantieri del sottosettore edilizio utilizzando un sistema computerizzato**. 2002. 107 f. Dissertazione (Master in Ingegneria della Produzione) - Centro Tecnologico, Università Federale di Santa Catarina, Florianópolis, 2002.

EUROBRAS. **Vantaggi della costruzione modulare**. 2016. Disponibile all'indirizzo: <http://www.eurobras.com.br/2016/04/26/beneficios-da-construcao-modular/>. Accesso: 02 ottobre 2016.

FIGUEROLA, V. I **container navali diventano materia prima per costruire case**. 2013. Disponibile all'indirizzo: <http://techne.pini.com.br/engenharia-civil/201/conteineres-de- container navali diventano materia prima per costruire case-302572-1.aspx>. Accesso: 02 ottobre 2016.

GONZALEZ, M. A. S. **Noçôes de orçamento e planejamento de obras**: curso introdutório, 2007. Appunti di lezione. Disponibile su:

<http://engenhariaconcursos.com.br/arquivos/Planejamento/Nocoesdeorcamentoeplanejament odeobras.pdf>. Accesso: 12 ottobre 2016.

GOMES, H. P. **Construção civil e saù do trabalhador**: um olhar sobre as pequenas obras. 2011. p. 47. 190 f. Tesi (Dottorato in Scienze nell'area della Salute Pubblica)-Escola Nacional de Saùde Pùblica Sergio Arouca, Fundaçao Oswaldo Cruz, Rio de Janeiro, 2011.

GRUPPI. **Contenitore standard**. 2016. Disponibile a:

<https://www.grupoirs.com.br/containers/container-padrao-standard/> Consultato il: 15 mar. 2017.

ISTITUTO BRASILIANO DI REVISIONE DEI LAVORI PUBBLICI (IBRAOP), **Linea guida tecnica OT - IBR 001/2006**, Definire il progetto di base specificato nella Legge federale n. 8.666/93, 2012, pag. 3. Disponibile all'indirizzo: <http://portalgeoobras.tce.mg.gov.br/docs/0T%20IBR%2004-2012%20Ibraop.pdf>. Accesso: 12 ottobre 2016.

ISTITUTO DI INGEGNERIA. **Standard tecnico IE - No. 01/2011 per la preventivazione di opere di edilizia civile**. 2011. p. 17. Disponibile all'indirizzo: <http://ie.org.br/site/ieadm/arquivos/arqnot7629.pdf>. Accesso: 03 ottobre 2016.

JÛNIOR, J. A. D. **Sicurezza sul lavoro nei cantieri**: un approccio nella città di Santa Rosa-RS. 2002. 85 f. Conclusione del corso (laurea) - Dipartimento di Tecnologia, Università Regionale del Nord-Ovest dello Stato di Rio Grande do Sul, Ijui, 2002.

LIMA JR., M. L. J.; VALCARCEL, A. L.; DIAS, L. A. **Segurança e Saùde no Trabalho da Construçâo**: experiência brasileira e panorama internacional, Brasilia: ILO - International Labour Office, 2005.

LIMMER, C. V. **Pianificazione, budgeting e controllo di progetti e opere**. 1 ed. Rio de Janeiro: LTC, 2015. p. 86.

MARTINS, M. S.; SERRA, S. M. B. L'importanza di redigere il PCMAT: concetti, evoluzione e raccomandazioni. In: SIMPÒSIO BRASILEIRO DE GESTAO E ECONOMIA DA CONSTRUÇÂO, 3., 2003, Sao Carlos. **Atti**... Sao Carlos-SP: SIBRAGEC, 2003.

MATTOS, A. D. **Como preparar orçamentos de obras**. 2 ed. San Paolo: PINI, 2014. p. 42.

MAXTON LOGÌSTICA E TRANSPORTES. **Tipi di container**, 2016. Disponibile all'indirizzo: <http://maxtonlogistica.com.br/utilitarios/tipos-containers.php>. Accesso: 30 settembre 2016.

MEDEIROS, A. P. C.; PINHEIRO, F. J. **Verifica di aree abitative, montacarichi e ponteggi sospesi in conformità alla norma NR18**: un caso di studio. 2011. 63 f. Conclusione del corso (laurea) - Centro di Scienze Esatte e Tecnologiche, Università dell'Amazzonia, Belém, 2011.

MEDEIROS, J. A. D. M.; RODRIGUES, C. L. P. L'esistenza di rischi nell'industria delle costruzioni e la sua relazione con le conoscenze dei lavoratori. In: ENCONTRO NACIONAL DE ENGENHARIA DE PRODUÇÂO, 11., 2001, Salvador. **Atti**... Salvador: FTC, 2001.

MELO, M. B. F. V. **Influenza della cultura organizzativa sul sistema di gestione della salute e della sicurezza sul lavoro nelle imprese edili**. 2001. 180 f. Tesi (Dottorato in Ingegneria della Produzione) - Università Federale di Santa Catarina, Florianópolis, 2001.

OCCHI, T.; ALMEIDA, C. C. O. Uso dei container nelle costruzioni civili: fattibilità costruttiva e percezione dei residenti di Passo Fundo-RS. **Revista de Arquitetura IMED**, v. 5, n. 1, p. 16-27, gennaio/giugno, 2016. Disponibile all'indirizzo: <https://seer.imed.edu.br/index.php/arqimed/article/view/1282>. Accesso: 20 settembre 2016.

PIZAIA, G. D. et al. **Contenitori TP-04**. 2012. 60 f. Conclusione del corso (laurea) - Scuola Politecnica, Pontificia Università Cattolica di Paranà, Curitiba, 2012.

RODRIGUES, K. F. C.; ROZENFELD, H. **Analisi della redditività economica**. Scuola di Engenharia de Sao Carlos da USP, Sao Carlos, p. 1, [n.d.]. Disponibile all'indirizzo: <http://www.portaldeconhecimentos.org.br/index.php/por/Conteudo/Analise-de-Viabilidade-

Economica>. Accesso: 01 ottobre 2016.

ROCHA, C. A. G. S. C.; SAURIN, T. A.; FORMOSO, C. T. **Valutazione dell'applicazione di NR-18 nei cantieri edili**. 2000. 8 f. Rio Grande do Sul, 2000. Disponibile all'indirizzo: <http://www.producao.ufrgs.br/arquivos/arquivos/E0013_00.pdf>. Accesso: 15 settembre 2016.

SAURIN, T. A. **Metodo diagnostico e linee guida per la pianificazione dei cantieri**. 1997. 162 f. Dissertazione (Master in Ingegneria) - Scuola di Ingegneria, Università Federale di Rio Grande do Sul, Porto Alegre, 1997.

SAURIN, T. A.; FORMOSO, C. T. **Pianificazione dei cantieri e gestione dei processi**: raccomandazioni tecniche HABITARE. Porto Alegre: ANTAC, v. 3, 2006. Disponibile all'indirizzo: <https://docente.ifrn.edu.br/valtencirgomes/disciplinas/projeto-e-implantacao-de-canteiro-de-obras/apostila-habitare>. Accesso: 20 settembre 2016.

SERVIZIO BRASILIANO DI SOSTEGNO ALLE MICRO E PICCOLE IMPRESE (SEBRAE). Partecipazione delle micro e piccole imprese all'economia brasiliana. Brasilia, 2014. p. 6. Disponibile a: <http://www.sebrae.com.br/Sebrae/Portal%20Sebrae/Estudos%20e%20Pesquisas/Participacao%20das%20micro%20e%20pequenas%20empresas.pdf>. Accesso: 02 settembre 2016.

SISTEMA NAZIONALE DI RICERCA SUI COSTI E GLI INDICI DELLE COSTRUZIONI CIVILI (SINAPI). **Manuale delle metodologie e dei concetti**. Brasilia: Caixa Economica Federal, 2014. p. 18. Disponibile all'indirizzo: <http://www.arq.ufmg.br/biblioteca/wp-content/uploads/2014/07/SINAPI_Manual_de_Metodologias_e_Conceitos_v01 -2014.pdf>. Accesso: 13 ottobre 2016.

SILVA, R. P.; RODRIGUES, G. R. S. La prevenzione degli infortuni nel settore edile: il lavoro degli infermieri del lavoro. **Cientifico**, v. 14, n. 29, p. 14, luglio-dicembre 2014.

SOBRINHO, E. S. **Valutazione qualitativa dell'attuazione del NR-18 nei cantieri edili di Belém**. 2014. 133 f. Monografia (specializzazione in Ingegneria della sicurezza sul lavoro)-Centro di Scienze Naturali e Tecnologia, Università dello Stato del Pará, Belém, 2014.

SOUZA, D. K. K. **Sicurezza sul lavoro nei piccoli cantieri di Guarapuava**. 2013. 38 f. Monografia (specializzazione in Ingegneria della sicurezza sul lavoro)-Dipartimento accademico di costruzioni civili, Università Tecnologica Federale di Paraná, Curitiba, 2013.

STRESSER, E. **Valutazione della conformità NR-18 in sette aree abitative di opere pubbliche nello stato del Paraná**. 2013. 55 f. Monografia (Specializzazione in Ingegneria della Sicurezza sul Lavoro)-Dipartimento Accademico di Costruzioni Civili, Università Tecnologica Federale di

Paranâ, Curitiba, 2013.

TROTTA, C. L. **Analisi delle aree abitative nei cantieri.** 2011. 49 f. Documento di conclusione del corso (laurea) - Centro di Scienze Esatte e Tecnologia, Università Federale di Sao Carlos, Sao Carlos, 2011.

UTZIG, M. J. S. Controlli contabili e gestionali utilizzati dalle piccole industrie. In: ENCONTRO DE ESTUDOS SOBRE EMPREENDEDORISMO E GESTÀO DE PEQUENAS EMPRESAS, 7., 2012, p. 4, Florianópolis. **Atti...** Florianópolis: EGEPE 2012, 2012.

VALENTINI, J. **Metodologia per la redazione di bilanci di opere civili.** 2009. 72 f. Monografia (Specializzazione in Costruzioni Civili) - Scuola di Ingegneria, Università Federale di Minas Gerais, Belo Horizonte. 2009, p. 12.

VIEIRA, H. F. **Logistica aplicada à construção civil:** como melhorar o fluxo de produção nas obras. San Paolo: PINI, 2006, pag. 171.

ZAGo, V. G. S. et al. La sicurezza sul lavoro nell'industria delle costruzioni. In: ENCoNTRo DE TECNoLoGIA DA UNIUBE, 8., 2014, Uberaba. **Atti...** Uberaba: ENTEC 2014, 2014.

ZARPELoN, D.; DANTAS, L.; LEME, R. **NR-18 come strumento di gestione per la sicurezza, la salute, l'igiene del lavoro e la qualità della vita dei lavoratori del settore edile.** 2008. 122 f. Monografia (Specializzazione in Igiene del Lavoro) - Scuola Politecnica, Università di San Paolo, San Paolo, 2008.

APPENDICE A - QUESTIONARIO SULLA CONOSCENZA DELL'NR-18

INDAGINE SULLA CONOSCENZA DEL NR-18 TRA I LAVORATORI EDILI
LAVORATORI EDILI
Questo questionario fa parte di un'indagine condotta da Jaine Vogt, studente di ingegneria civile presso FAI Faculdades, e mira a valutare le conoscenze dei lavoratori edili in relazione allo Standard normativo n. 18 (NR-18).

CITTÀ: _____ DATA: __/__/__

Leggete attentamente tutte le domande e classificate le **domande da 4 a 11 in** base alla risposta che meglio identifica la vostra opinione.

Nota: gli **spazi abitativi** sono aree progettate per soddisfare le esigenze umane di base, come cibo, igiene, riposo, tempo libero, socializzazione e strutture ambulatoriali.

1) Che ruolo svolge sul posto di lavoro?			
[ ] Ingegnere	[ ] Caposquadra [ ]	Muratore [ ]	Altro
[ ] Capomastro	[ ] Servo	[ ] Falegname	
2) Qual è la sua età?			
[ ] meno di 20 anni	[ ] da 31 a 40 anni	[ ] oltre 50 anni	
[ ] 20 a 30	[ ] 41 a 50		
3) Da quanti anni lavora nel settore delle costruzioni?			
[ ] meno di 5	[ ] 11 a 15	[ ] 21 a 25	
[ ] 5 a 10	[ ] 16 a 20	[ ] più di 25	

	NO	MOLTO POCO	INDECISIVO	POCO	SÌ
4) Sono a conoscenza dello standard NR-18?					
5) Sono consapevole che la norma NR-18 richiede la realizzazione di aree abitative nei cantieri di qualsiasi dimensione?					

6) Sono consapevole del fatto che il mancato rispetto di questa norma potrebbe comportare multe per il costruttore e un blocco dei lavori?					
7) Sono soddisfatto delle condizioni di igiene e sicurezza del cantiere?					
8) Ritengo necessario allestire aree abitative nei cantieri per garantire buone condizioni di salute, sicurezza e igiene ai lavoratori edili?					
9) Sono interessato all'esistenza di aree abitabili nel cantiere?					
10) Mi sento più propenso a lavorare in un luogo di lavoro dove ci sono spazi abitativi per provvedere alle mie esigenze alimentari, igieniche, di riposo, di svago, di socializzazione e di deambulazione?					
11) Per adeguare i cantieri alla normativa NR-18, accetto l'innovazione di allestire aree abitative mobili in container come alternativa per garantire ai lavoratori buone condizioni di salute, sicurezza e igiene?					

APPENDICE B - Ripartizione dei costi per l'adattamento del container in spazi abitativi

CONTENITORE MODIFICATO PER L'UTILIZZO DI STRUTTURE TEMPORANEE NELLE AREE ABITATIVE DEI CANTIERI.

ARTICOLO	CODICE	DESCRIZIONE	UNITÀ	QUANT.	PREZZO UNITARIO (R$)	PREZZO TOTALE (R$)
1	STRUTTURA					
1.1	MERCATO	Dry Standard Container da 20 piedi (unità nazionalizzata, con fattura) + trasporto	un.	1,00	7000,00	7000,00
1.2	MERCATO	Tavolo in lamiera d'acciaio	un.	2,00	680,00	1360,00
1.3	MERCATO	Banca fissa	un.	2,00	760,00	1520,00
2	DIVISIONI					
2.1	MERCATO	Divisori metallici di 2 cm di spessore	m^2	13,00	240,00	3120,00
3	SERRAMENTI IN METALLO					
3.1	MERCATO	Porta metallica 0,80X2,10 m, con serratura, apribile	un.	2,00	472,00	944,00
3.2	MERCATO	Porta metallica 0,60X2,10 m, con serratura, apribile	un.	2,00	354,00	708,00
3.3	MERCATO	Apertura metallica a pannello 1,40x1,30 m	un.	4,00	400,00	1600,00
3.4	MERCATO	2,00x0,30m finestra a griglia metallica	un.	1,00	198,00	198,00
3.5	SINAPI 74047/002	Cerniera in acciaio/ferro, 3" x 21/2", E=1,9 A 2 mm, senza anello, cromata o zincata, cappuccio a sfera, con viti	un.	8,00	24,82	198,56
3.6	MERCATO	Forbici articolate in acciaio inox 40 cm a sinistra Mahler	un.	8,00	37,80	302,40
4	INSTALLAZIONI IDRAULICHE					
4.1	MERCATO	Fontana a colonna a pressione	un.	1,00	617,15	617,15
4.2	SINAPI 89356	Tubo, PVC, saldabile, DN 25mm, installato in una diramazione o in una sottodiramazione dell'acqua - fornitura e installazione	m	18,00	16,73	301,14
4.3	SINAPI	Tee, PVC, saldabile, DN 25mm, installato nel ramo di	un.	5,00	6,45	32,25

	89440	distribuzione dell'acqua fredda - fornitura e installazione				
4.4	SINAPI 89481	Raccordo a 90 gradi, in PVC, saldabile, DN 25mm installato nella rete idrica - fornitura e installazione	un.	12,00	3,45	41,40
4.5	SINAPI 00039138	Morsetto in acciaio per la legatura delle guaine, tipo U semplice, lunghezza 3/4	un.	14,00	0,26	3,64
4.6	SINAPI 89534	Manicotto saldabile e filettato, PVC, saldabile, DN 25mm X 3/4, installato nella rete idrica - fornitura e installazione	un.	6,00	3,05	18,30
4.7	SINAPI 89351	Valvola di pressione grezza da 3/4", fornita e installata sulla derivazione dell'acqua.	un.	1,00	23,48	23,48
4.8	SINAPI 90371	Valvola a sfera, PVC, filettata, 3/4", fornita e installata nella diramazione idrica	un.	1,00	17,71	17,71
5	**APPARECCHIATURE SANITARIE, STOVIGLIE E METALLI**					
5.1	SINAPI 1368	Doccia in plastica bianca, con tubo, 3 temperature, 5500W (110/220V)	un.	1,00	38,00	38,00
5.2	SINAPI 95543	Porta asciugamani da bagno in metallo cromato, a barra, inclusi i fissaggi	un.	1,00	31,63	31,63
5.3	SINAPI 95469	WC convenzionale a sifone con stoviglie bianche - fornitura e installazione	un.	1,00	174,11	174,11
5.4	MERCATO	Cassetta di risciacquo in plastica, esterna, completa di tubo di risciacquo, raccordo flessibile, galleggiante e staffa di fissaggio - capacità 9 litri	un.	1,00	29,90	29,90
5.5	SINAPI 12613	Pluviale esterno in PVC per chiusino esterno alto - 40 mm X 1,60 m	un.	1,00	7,57	7,57
5.6	SINAPI 95544	Vassoio portacarte a parete in metallo cromato senza coperchio, con staffa di fissaggio inclusa	un.	1,00	24,04	24,04
5.7	SINAPI 95545	Portasapone a parete in metallo cromato, inclusi i fissaggi	un.	1,00	23,53	23,53
5.8	SINAPI 95547	Distributore di sapone in plastica per sapone liquido con serbatoio da 800 a 1500 ml, incluso fissaggio	un.	2,00	55,94	111,88

5.9	MERCATO	Porta asciugamani di carta	un.	2,00	49,00	98,00
5.10	MERCATO	Cestino dei rifiuti	un.	3,00	10,00	30,00
5.11	SINAPI 74234/001	Orinatoio sifonato in coccio bianco con accessori, con valvola a pressione da 1/2" con maniglia cromata, finitura semplice e kit di fissaggio - fornitura e installazione	un.	1,00	482,76	482,76
5.12	MERCATO	Lavabo in plastica	un.	2,00	13,50	27,00
5.13	SINAPI 86916	Rubinetto per serbatoio in plastica da 3/4" - fornitura e installazione	un.	2,00	21,46	42,92
5.14	MERCATO	Lavello in acciaio inox 80x50 cm STANDARD - TRAMONTINA	un.	1,00	135,45	135,45
6	**IMPIANTI ELETTRICI**					
6.1	MERCATO	Lampadina LED da 9W	un.	2,00	21,95	43,90
6.2	SINAPI 93145	Punto luce e presa di corrente, residenziale, compresi interruttore singolo e presa 10A/250V, scatola elettrica, guaina, cavo, strappo, rottura e ancoraggio (esclusi apparecchio e lampada)	un.	2,00	178,80	357,60
6.3	SINAPI 92025	Interruttore singolo (1 modulo) con prese da incasso 2P+T 10 A, incluse staffa e piastra	un.	1,00	58,52	58,52
6.4	SINAPI	Guaina rigida filettata, PVC, DN 25 mm (3/4"), per circuiti terminali, installata a soffitto - fornitura e installazione	m	22,00	7,90	173,80
6.5	SINAPI 74131/001	Quadro di distribuzione da incasso, in lamiera, per 3 interruttori magnetotermici unipolari senza sbarra - fornitura e installazione	un.	1,00	62,17	62,17
6.6	MERCATO	Spina 2P+T 16A 220/240V N-3076 steck	un.	1,00	22,83	22,83
6.7	MERCATO	Presa industriale da incasso 3P+T 16A 380V S-4046 - steck	un.	1,00	52,90	52,90
6.8	MERCATO	Microonde LG 30L, con maniglia	un.	1,00	499,00	499,00
7	**IMPIANTI SANITARI**					
7.1	SINAPI	Scarico sifonato, PVC, DN 100 x 40 mm, giunto	un.	1,00	6,37	6,37

	89495	saldato, fornito e installato in diramazioni per il convogliamento dell'acqua piovana				
7.2	SINAPI 89711	Tubo in PVC, serie normale, per fognature edili, DN 40 mm, fornito e installato in un ramo di drenaggio o di fognatura sanitaria.	m	3,00	14,42	43,26
7.3	SINAPI 89712	Tubo in PVC, serie normale, per fognature edili, DN 50 mm, fornito e installato in un ramo di drenaggio o di fognatura sanitaria.	m	4,00	20,81	83,24
7.4	SINAPI 89714	Tubo in PVC, serie normale, per fognature edili, DN 100 mm, fornito e installato in un ramo di drenaggio o di fognatura sanitaria.	m	1,00	40,00	40,00
7.5	SINAPI 89731	Giunto a 90 gradi, PVC, serie normale, fognatura edilizia, DN 50 mm, giunto elastico, fornito e posto in opera nel ramo di scarico della fognatura sanitaria	un.	4,00	7,88	31,52
7.6	SINAPI 89744	Raccordo a 90°, PVC, serie normale, fognatura edilizia, DN 100 mm, giunto elastico, fornito e posto in opera nel ramo di scarico della fognatura sanitaria	un.	1,00	17,77	17,77
7.7	SINAPI 89732	45 gradi, PVC, serie normale, fognatura per edifici, DN 50 mm, giunto elastico, fornito e installato nel ramo di scarico della fognatura sanitaria	un.	3,00	8,43	25,29
7.8	SINAPI 89785	Giunto singolo, PVC, serie normale, fognatura edilizia, DN 50 X 50 mm, giunto elastico, fornito e posto in opera in rami di fognatura o di fognatura sanitaria	un.	1,00	14,81	14,81
7.9	SINAPI 10908	Giunto di riduzione invertito, PVC saldabile, 100 X 50 mm, serie normale per fognature di edifici	un.	1,00	11,49	11,49
7.10	SINAPI 72295	Tappo per fognatura in PVC da 100 mm - fornitura e installazione	un.	1,00	11,54	11,54
7.11	SINAPI 86883	Sifone flessibile in PVC 1 x 1,1/2 - fornito e installato	un.	3,00	7,88	23,64
7.12	MERCATO	Cestino per rifiuti da 4000 litri	un.	1,00	1150,00	1150,00
8	**PAVIMENTO**					
8.1	MERCATO	Nastro adesivo antiscivolo 50mmx5m	m	3,00	8,00	24,00

Nota: tabella SI — MAPI febbraio 2017

TOTALE	22016,47
BDI %	16,87%
TOTALE GENERALE	25730,65

BDI		
Gruppo A - SPESE INDIRETTE		AC=Tasso di ripartizione dell'amministrazione centrale
Amministrazione centrale	1,00%	
Totale	1,00%	
Gruppo B - BONUS		DF=Tasso di spese finanziarie R=Tasso di rischio, assicurazione e garanzia
Profitto	6,00%	
Totale	6,00%	
Gruppo C - IMPOSTE		I=Agricola fiscale
PIS	0,65%	L=Tasso di profitto
COFINI	3,00%	

ISS	3,00%
Totale	6,65%
Gruppo D - RISCHIO	
Il rischio	1,40%
Totale	1,40%
Gruppo E - SPESE FINANZIARIE	
Spese	0,50%
Totale	0,50%
Formula per il calcolo del B.D.I. (benefici e spese indirette)	**BDI**
BDI = BDI (%) = (((1+AC/100) x (1+DF/100) x (1+R/100) x (1+L/100))- 1)x 100 / (1- (I/100))	16,87%

APPENDICE C - Report fotografico delle 48 opere censite

Cantiere 1

Cantiere 2

Cantiere 3

Cantiere 4

Cantiere 5

Cantiere 6

Cantiere 7

Cantiere 8

Cantiere 9

Cantiere 10

Cantiere 11

Cantiere 12

Cantiere 13

Cantiere 14

Cantiere 15

Cantiere 16

Cantiere 17

Cantiere 18

Cantiere 19

Cantiere 20

Cantiere 21

Cantiere 22

Cantiere 23

Cantiere 24

Cantiere 25

Cantiere 26

Cantiere 27

Cantiere 28

Cantiere 29

Cantiere 30

Cantiere 31

Cantiere 32

Cantiere 33

Cantiere 34

Cantiere 35

Cantiere 36

Cantiere 37

Cantiere 38

Cantiere 39

Cantiere 40

Cantiere 41

Cantiere 42

Cantiere 43

Cantiere 44

Cantiere 45

Cantiere 46

Cantiere 47

Cantiere 48

APPENDICE D - Piantine dei progetti di container da 20 piedi a secco adattati

(Richiedere il progetto completo all'autore all'indirizzo: juliocardinal1@gmail.com)

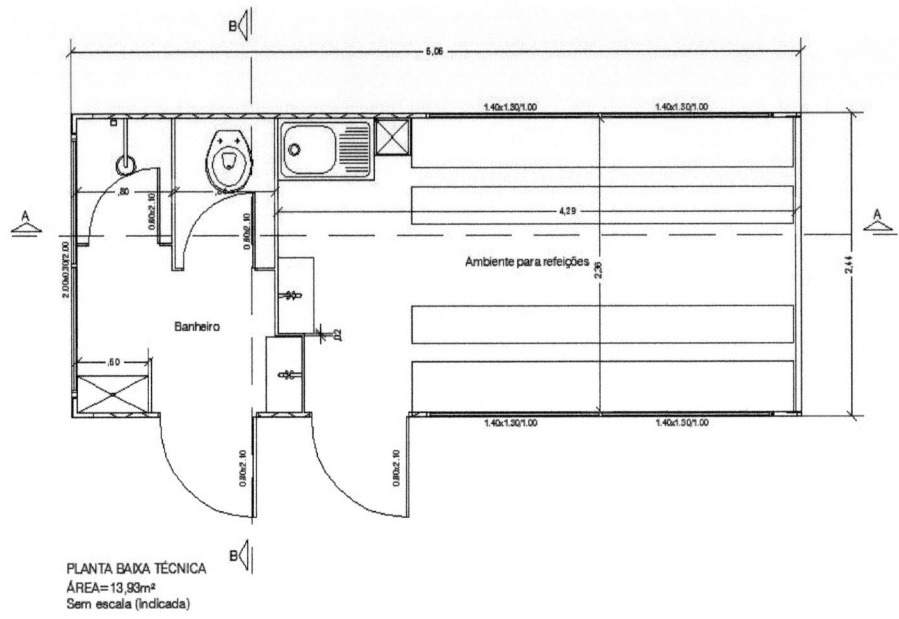

PLANTA BAIXA TÉCNICA
ÁREA= 13,93m²
Sem escala (indicada)

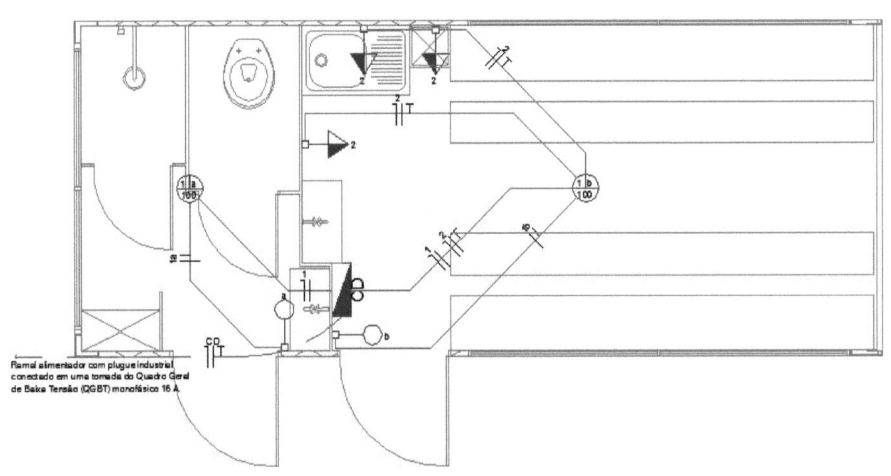

PLANTA BAIXA DE INSTALAÇÃO ELÉTRICA
Sem escala

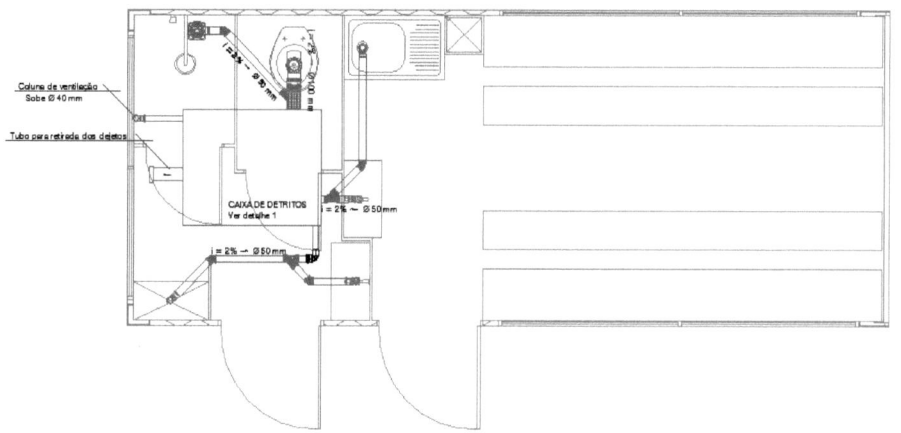

PLANTA BAIXA DE INSTALAÇÃO SANITÁRIA
Sem escala

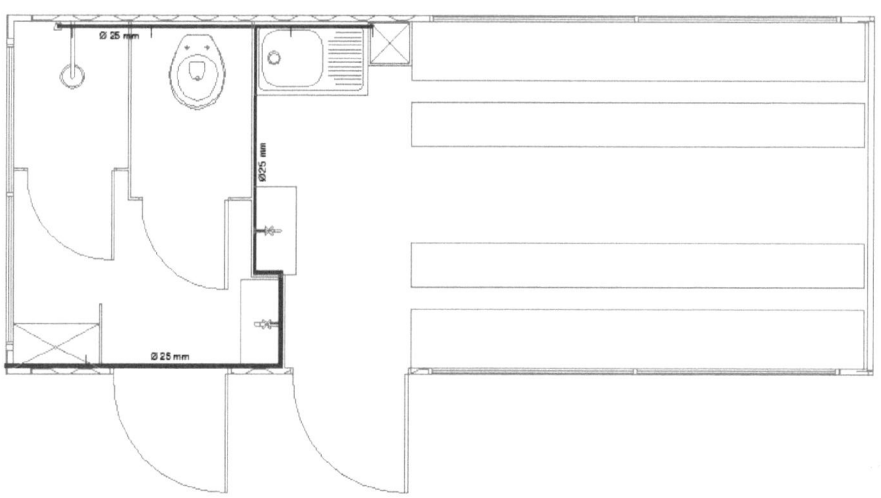

PLANTA BAIXA DE INSTALAÇÃO HIDRÁULICA
Sem escala

ALLEGATO A - LISTA DI CONTROLLO DELLA ZONA GIORNO

Lista di controllo basata sul modello proposto dal Coordinamento Nazionale per la Difesa dell'Ambiente di Lavoro (CODEMAT) (BRASIL, 2016).

LISTA DI CONTROLLO PER LE AREE ABITATIVE NR-18
Il presente documento stabilisce i requisiti minimi che devono essere rispettati nei cantieri di piccole dimensioni al fine di ridurre gli infortuni sul lavoro e le malattie professionali nel settore edile. Le informazioni raccolte saranno utilizzate come fonte per il lavoro di conclusione del corso (TCC) di Jaine Vogt, studente del corso di Ingegneria civile.

CITTÀ: _____ DATA: __/__/__

NUMERO DI DIPENDENTI:UOMINI:DONNE:

DESCRIZIONE	SITUAZIONE		
	S	N	NA
IMPIANTI SANITARI			
Nota: necessario in cantieri di qualsiasi dimensione			
Esiste un lavabo con un rapporto di 1 a 20 lavoratori? (18.4.2.4)			
Esiste un orinatoio con un rapporto di 1 a 20 lavoratori? (18.4.2.4)			
C'è un bagno nella proporzione tra 1 e 20 lavoratori? (18.4.2.4)			
C'è una doccia nel rapporto di 1 a 10 lavoratori? (18.4.2.4)			
I servizi igienici sono in perfetto stato di manutenzione e igiene? (18.4.2.3a)			
Ci sono porte di accesso per impedire la manomissione? (18.4.2.3b)			
Le pareti sono in materiale robusto e lavabile (possono essere in legno)? (18.4.2.3c)			
I pavimenti sono impermeabili, lavabili e con finitura antiscivolo? (18.4.2.3d)			
I servizi igienici non sono direttamente collegati alle aree di ristorazione? (18.4.2.3e)			
Esiste una separazione per sesso? (18.4.2.3f)			
Gli impianti elettrici sono adeguatamente protetti? (18.4.2.3g)			
La ventilazione e l'illuminazione sono adeguate? (18.4.2.3h)			
L'altezza del soffitto è di almeno 2,50 metri? (18.4.2.3i)			
Il tragitto non supera i 150 metri dal luogo di lavoro ai servizi igienici?			

(18.4.2.3j)			
L'armadietto sanitario ha una porta con chiusura e un bordo inferiore alto non più di 0,15 m? (18.4.2.6.1b)			
Gli orinatoi sono dotati di scarico automatico o azionato? (18.4.2.7.1c)			
Gli orinatoi non sono più alti di 0,50 metri dal pavimento? (18.4.2.7.1d)			
C'è una doccia con acqua calda? (18.4.2.8.3)			
Le docce elettriche sono correttamente collegate a terra? (18.4.2.8.5)			

ABBIGLIAMENTO	S	N	NA
Nota: necessario quando ci sono lavoratori che non vivono in loco.			
Ci sono pareti in muratura, legno o materiale equivalente? (18.4.2.9.3a)			
I pavimenti sono in cemento, calcestruzzo, legno o materiale equivalente? (18.4.2.9.3b)			
Tetto per proteggersi dalle intemperie? (18.4.2.9.3c)			
La superficie di ventilazione corrisponde a 1/10 della superficie del pavimento? (18.4.2.9.3 d)			
Illuminazione naturale e/o artificiale? (18.4.2.9.3e)			
Gli armadietti individuali sono dotati di serratura o lucchetto? (18.4.2.9.3f)			
Gli spogliatoi hanno un'altezza minima del soffitto di 2,50 metri? (18.4.2.9.3g)			
Lo spogliatoio è tenuto in perfetto stato di manutenzione, igiene e pulizia? (18.4.2.9.3h)			
Há un numero sufficiente di panchine per gli utenti, con una larghezza minima di 0,30 m? (18.4.2.9.3i)			

SISTEMAZIONE	S	N	NA
Nota: richiesto quando i lavoratori vivono in loco			
L'alloggio non è situato nel sottosuolo? (18.4.2.10.1h)			
Le pareti sono in muratura, legno o materiale equivalente? (18.4.2.10.1a)			
Il pavimento è in cemento, calcestruzzo, legno o materiale equivalente? (18.4.2.10.1b)			

	S	N	NA
Há á superficie minima di 3,00m2 per modulo letto/guardaroba, compresa la superficie per circolazione? (18.4.2.10.1f)			
Il lenzuolo, la federa, la coperta, se necessario, e il cuscino sono in condizioni igieniche? (8.4.2.10.6)			
L'alloggio dispone di armadi? (18.4.2.10.7)			
Non è possibile cucinare o riscaldare i pasti nell'alloggio? (18.4.2.10.8)			
L'alloggio è mantenuto in uno stato permanente di riparazione, igiene e pulizia? (18.4.2.10.9)			
fontanelle a getto inclinato nella proporzione di 1 a 25 lavoratori? (18.4.2.10.10)			
L'altezza del soffitto è di 2,50 metri per i letti singoli e di 3,00 metri per i letti matrimoniali? (18.4.2.10.1 g)			
Non si utilizzano 3 o più letti nella stessa verticale? (18.4.2.10.2)			
AREA DINING	S	N	NA
Nota: necessario se i lavoratori consumano la colazione e/o il pranzo in loco.			
La zona pranzo non è situata in scantinati o cantine? (18.4.2.11.2 j)			
La zona pranzo non è in comunicazione diretta con i servizi igienici? (18.4.2.11.2 k)			
La zona pranzo ha un'altezza minima del soffitto di 2,80 metri? (18.4.2.11.2 l)			
La zona pranzo ha (18.4.2.11.2): a) pareti che consentono l'isolamento durante i pasti?			
b) pavimenti in cemento, calcestruzzo o altro materiale lavabile?			
c) un tetto che protegge dalle intemperie?			
d) la capacità di garantire che tutti i lavoratori possano essere serviti durante i pasti?			
e) ventilazione e illuminazione naturale e/o artificiale?			
f) lavabo installato vicino o all'interno?			

g) tavoli con piani lisci e lavabili?			
h) Ci sono abbastanza posti a sedere per soddisfare gli utenti?			
i) bidone con coperchio per i rifiuti?			
Fontana per bere nella zona pranzo? (18.4.2.11.4)			

CUCINA	S	N	NA
Nota: richiesto se il cibo viene preparato in loco			
La cucina dispone di (18.4.2.12.1): a) ventilazione naturale e/o artificiale per consentire lo scarico?			
b) altezza minima del soffitto di 2,80 metri o in conformità con il regolamento edilizio del comune in cui si eseguono i lavori?			
c) pareti in muratura, cemento, legno o materiale equivalente?			
d) Pavimenti in calcestruzzo, cemento o altri pavimenti facili da pulire?			
e) tetto resistente al fuoco?			
f) illuminazione naturale e/o artificiale?			
g) Lavello per lavare cibo e utensili?			
h) servizi igienici che non comunicano con la cucina e sono ad uso esclusivo del responsabile della cucina?			
i) L'impianto sanitario è dotato di un contenitore con coperchio per la raccolta dei rifiuti?			
j) Disponete di impianti di refrigerazione per la conservazione degli alimenti?			
k) È adiacente alla zona pranzo?			
l) gli impianti elettrici sono adeguatamente protetti?			
m) Se si utilizza gas di petrolio liquefatto (GPL), le bombole sono installate fuori dal locale di utilizzo, in un'area ventilata e coperta?			

LAVANDERIA	S	N	NA
Nota: richiesto quando i lavoratori sono alloggiati			
La lavanderia dispone di serbatoi individuali o collettivi sufficienti per tutti i lavoratori? (18.4.2.13.2)			

Esiste un luogo adeguato, coperto, ventilato e illuminato in cui i lavoratori possano lavare, asciugare e stirare i propri indumenti personali? (18.4.2.13.1)			
AREA DI SVAGO	S	N	NA
Nota: richiesto quando i lavoratori sono alloggiati			
C'è un'area per il tempo libero?			
Se non esiste un'area specifica per il tempo libero, la mensa è utilizzata come area per il tempo libero? (18.4.2.14.1)			

RICORDA:

LEGGENDA:

S= SÌ (Adotta la pratica o la situazione in azienda);

N= NO (non adotta la pratica o la situazione in azienda);

NA= NON APPLICABILE (significa che la voce non si applica alla realtà aziendale).

TOTALE	SÌ ( )	NO ( )	NON APPLICABILE ( )

I want morebooks!

Buy your books fast and straightforward online - at one of world's fastest growing online book stores! Environmentally sound due to Print-on-Demand technologies.

Buy your books online at
www.morebooks.shop

Compra i tuoi libri rapidamente e direttamente da internet, in una delle librerie on-line cresciuta più velocemente nel mondo! Produzione che garantisce la tutela dell'ambiente grazie all'uso della tecnologia di "stampa a domanda".

Compra i tuoi libri on-line su
www.morebooks.shop

info@omniscriptum.com
www.omniscriptum.com

Printed by Books on Demand GmbH, Norderstedt / Germany